使人厌倦是教学的最大罪过！教学的特权就是自由地掠过草地与沼泽，不能总是让人在舒适的山谷中游荡，相反，要让人练习登山，并使人在获得广阔视野中得到酬偿。

——【德】约翰·弗里德里希·赫尔巴特

中国煤炭教育协会教学研究项目(2021MXJG179)资助
国家一流专业建设点地质工程项目资助
中国矿业大学教学研究项目(2023ZDKT03-102、2022ZX01、2021KCSZ34Y)资助
江苏高校优势学科建设工程项目资助

课程解析论

——从地质教学到教育学

徐继山　著

中国矿业大学出版社
·徐州·

图书在版编目(CIP)数据

课程解析论:从地质教学到教育学/徐继山著.—
徐州:中国矿业大学出版社,2024.3

ISBN 978-7-5646-6025-3

Ⅰ.①课… Ⅱ.①徐… Ⅲ.①地质学—教学研究—高
等学校 Ⅳ.①P5-4

中国国家版本馆CIP数据核字(2023)第210284号

书　　名　课程解析论——从地质教学到教育学

著　　者　徐继山

责任编辑　李　敬

出版发行　中国矿业大学出版社有限责任公司

(江苏省徐州市解放南路　邮编221008)

营销热线　(0516)83885370　83884103

出版服务　(0516)83995789　83884920

网　　址　http://www.cumtp.com　**E-mail**:cumtpvip@cumtp.com

印　　刷　苏州市古得堡数码印刷有限公司

开　　本　787 mm×1092 mm　1/16　**印张** 11.5　**字数** 177千字

版次印次　2024年3月第1版　2024年3月第1次印刷

定　　价　45.00元

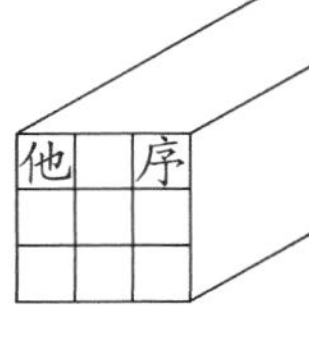

他　序

当这本书放在我面前的时候，我是颇有些惊喜的！书名叫作“课程解析论”，从地质教学到教育学，这是一个不小的跨越！

现当代大学有三大主要职能，分别是人才培养、科学研究和社会服务。其中，人才培养处于核心地位。长期以来，由于受到分科办学思想的影响，这些功能被分派给各学科、各专业，它们各自为战、独立发展。所谓“天下大势，分久必合，合久必分”。学科在分化中确立，在发展到一定阶段的时候，又必须要通过与其他学科交叉、融合才能进一步发展。这是学科发展的一般规律！

地质学的研究以“人—地”之间的天赋关系为切入点，而教育学指向的是“人—人”之间的文化关系，两者看似毫无瓜葛，实则关联深远。教育学的历史非常悠久，几乎伴随了人类的整个文明进程，所以先哲们把教育比作文明的火把、文明的基石、文明的阶梯、文明的航帆……总是把最美好的理想寄予在教育上。近代自然科学的产生则是16世纪以来的事情，地质学的历史也仅有一两百年而已。近代学科之所以能产生，既是内在使然，也是社会使然，归根结蒂是教育使然——它如春风化雨般催开了各科之花，形成了科学这个大花园。科学以研究和生产知识为目标，教育以讲授和传播知识为要务，科学为形、教育为神，两者应紧密联系在一起，形神合一，才能健康发展。一个有意思的事实是，近代教育学之父夸美纽斯编写了第一部地理教科书《地理图解》，中国许多地质学家本身也是优秀的教育家，诸如丁文江、章鸿钊、翁文灏、李四光……这岂是纯粹的巧合？教育学与地质学之间一定有着某些玄妙的因缘。

放眼当今时代，第四次科技革命方兴未艾，移动网络、AI智能、大数据、知识图谱、数字人等技术风起云涌，给教育改革带来了新机遇，同时也提出了新要求、新挑战。如何应对这些变革？这已不是哪一个学科的分内之事，而是多学科共同面对的问题。

这本书从地质学的视角解析了高等教育学的新近发展规律，构建成一个全新的教育理念，即所谓的“模型—情境”教学观。这让我回想起过去的学习场景，尽管那时条件简陋，但是老师们能凭借一块黑板、一支粉笔，通过传神的讲解，形象地勾勒出地貌形态、地层组成和地质构造。时隔多年，这些“地质模型”依然烙印在我的脑海中。这就是我们对这种教学法最切身的感受！我们的老师是新中国成立后第一批地质教育工作者，他们十分重视野外实践，指点山川、如数家珍，野外素描、信手画来，都给我们留下了深刻的印象。这种“取法自然、重野外、重实践”的理念一直影响着我，成为我成长道路上的信条！

作为一名地质工作者，我们都有这样的体会：在学习和工作中，存在着许多好想法、好理念，它们是朴素的、零散的，甚至是一闪而过的，都值得每一位地质人好好思考与总结。这本书是从地质教学到教育学的一个尝试，它启发了不同专业的教育工作者，要做一些高等教育上的创新——从教育中来，还要回到教育中去，这是一个不断反复、相互促进的过程。

前人开路后人行，后人行路继后生。走过前人的路，才能为后人开路；翻过几座山，才能领略更广阔的风景。地质人是长于宏观思维的，也是最具有开创精神的，相信未来会有更多令人惊喜的跨学科的成果出现！

本书的著者徐继山是我众多学生中最为特别的一个，他热爱思考，钟情理工和人文学科，做这样一个别出心裁的小研究，既出乎意料，也顺理成章。书成之后，他在第一时间送给我，邀我作序，我欣然落笔！

是为序！

二〇二四年元旦

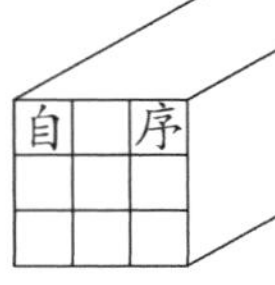

自　　序

作为一名教地质学的工科教师，为什么要写这本有点类似教育学的书呢？关于这个问题，我思考了很久。在教育学研究者看来，会觉得这是越俎代庖的行为；在其他专业教师看来，也有些不务正业之嫌。因为大多数人认为，教育学就是教育学，专业课就是专业课，它们是没有交集的已经划定的圆，正所谓“井水不犯河水”。实际上，井水是地下水，河水是地表水，在地质学人看来，两者存在着补给关系。且不说河、井，便是海、陆，也都经常“相犯”的，要不然怎会有沧海桑田的佳话呢？中国人做事情，总要师出有名，何况是写书这样的“大事”，需要也有必要做一下正名工作。在序言部分，我想谈两对关系：一个是专业与学科，一个是专业课与教育学，借此表达一下我心中的“正业”，以及这本书想要“务”的“正业”。

什么是专业？什么是学科？这是令很多老师都头疼的问题，像奥古斯丁一样怔然了：“你不说，我倒明白，你一问，我便茫然不知了。”当然，问与不问，并不决定着问题的本质。怎么回答呢？在专业目录上，我们能看到学科与专业呈分级关系——专业成了学科的子学科或二级学科，即学科大于专业。有人说，专业培养本科生，以行业发展为目标；学科培养研究生，以学术研究为目标。好像是这么回事，但又欠缺点道理。

为什么会这样呢？翻开教育的发展史，就会知道，大学最初是围绕哲学、医学、法律和神学 4 种“门类知识”（学科）建立起来的，人（教育者、学习者）因知识体系而存在；19 世纪初，在社会化大生产的催动下，“学科”开始逐步细化成专业，人与行业间有了更多互动。可见，专业、学科脱胎于同一母体，它们是姐妹关系，而非母子关系。从知识体系来看，专业和学科应该是这样的关系（图 1）：

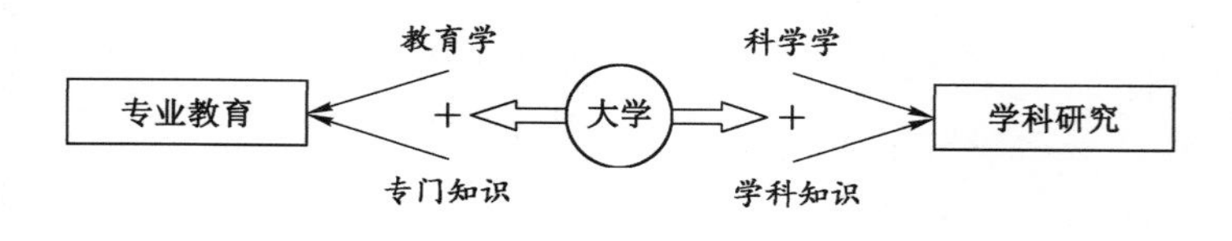

图 1　专业与学科的关系

可以看到，专业教育与学科研究交融在一起，想要在专业教育（建设）上做工作，则必须吸收学科知识，并结合教育学的相关原理发展起来。同样地，学科研究必然建立在专门知识上，并遵循科学发展规律而获得自身发展。

另一对关系——专业课与教育学是什么关系呢？从定义来看，教育学是一门研究人类的教育活动及其规律的社会科学。这就要求教育学必须以具体的教学现象和教育问题为研究对象，把研究视野延伸到各专业领域。从专业课（图 2，D_1，D_2，D_3，…）中提炼出的具体教学规律，则必须上升到教育学的高度，才能指导其他专业。所以，专业课对教育学起着一种补给和改造关系。

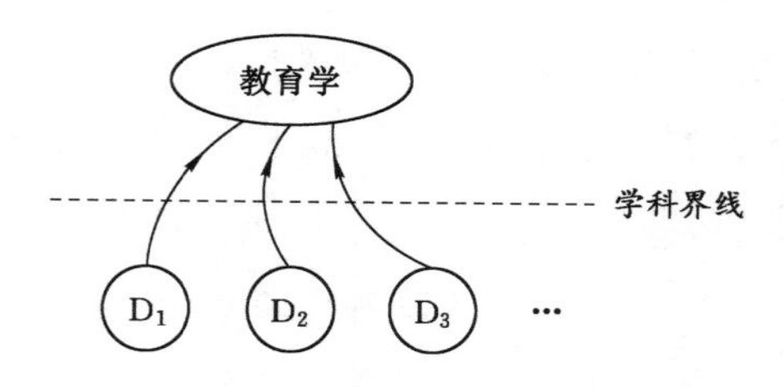

图 2　专业课与教育学之间的关系

实际上，教育学在发展中就一直在汲取各学科的研究成果，如心理学、生理学、神经学、语言学、社会学、人类学，甚至借鉴了数学、物理学、化学、生物学、计算机科学等学科。但是，相较于人文-社会学科，教育学对理工学科教育理念的汲取，并非十分自然，两者之间存在着一定的障碍。因此，就需要加强两者之间的互动关联。现如今学科之间的互动也是有的，诸如会议、报告、培训不可不谓之多，然也不可不谓之泛。为什么这样说呢？长期以来，人们崇尚“拷贝主义”（它是“拿来主义”的翻版），重模式而轻理论，喜当前而恶长远，忙碌于从PPT到PPT，忽略了本该重视的东西。这就像寓言里的“以手指月”，我们没爱上那月，却爱上了那手，岂不可笑？列宁说，“没有革命的理论，就没有革命的运动”。这句话对教育教学改革同样适用——没有教育的理论，就没有教育的真正改革。

正是出于这些因由，才促使我做一点教育理念上的事，也就是要从地质教学的角度去研究教育学。至于写书的想法，最早萌生于2015年，在刚接触慕课的时候我就琢磨着要做一个系列，有幸在多方支持下完成了慕课三部曲，有经验、有不足、有教训，还有近10年的教学实践与思考，现在把它们总结成一个体系，即《课程解析论》。

这本书更像是教育学门外汉的学习笔记，窥万斑未得全豹，挂一念而漏万端。虽已竭尽所能，必有许多浅陋、粗误之处。诚望专家、学者及广大读者批评指正！

作　者

2023年10月

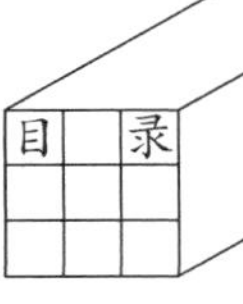

目　　录

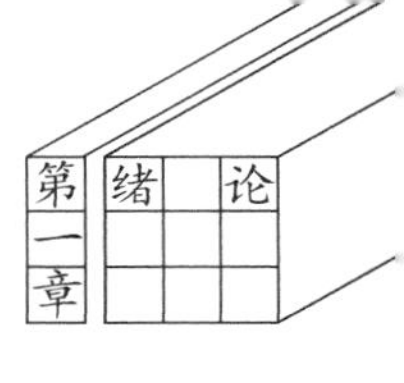

第一章　绪　　论

教育是人类特有的一种社会现象，它保存了人类的文明成果，并以信息的方式在群体间或代际间传递，从而实现智识上的共享、共创。如果说自然赋予了人自然属性，那么，正是教育给了人以社会属性。人之所以能称为人，靠的就是教育的力量。可以说，整个文明史就是一部教育史。

把教育作为一门学科进行研究，则是在积累了一定的教育实践和教育经验之后[1]。与其他学科相比，教育学有点姗姗来迟，它真正登上学术殿堂是在17世纪前半叶，以弗兰西斯·培根和夸美纽斯的研究成果为标志[2]。所以，人们说它既古老又年轻。说它古老，是因为它比其他自然、社会科学都要年长；说它年轻，是因为它至今都没有形成确切的界域。因此，关于“教育学是不是科学”的争论一直存在着[3]。这个问题很复杂，也非常重要，因为它决定了我们的研究路线是人文的、科学的，抑或是技艺的[4]。当然，教育所研究的对象、内容，以及所使用的方法是复杂的，不能一概而论，教育学兼具人文性和科学性两个方面，其技艺性则是在教学活动中体现出来的。

一、问题的由来

教育学是历史的存在，也是逻辑的存在。想要在教育学的背景下探讨具体的教学问题，首先要厘清教育、课程、教学等相关概念，以及三者之间的关系。

（一）教育

关于“教育”一词，在英文语境里有两个词源：一个是“pedagogy”，它由词根“pad”(幼童)和“agogie”(引导)叠合而成,用来指示照料、关照幼童的一种活动或工作。古希腊为奴隶制社会,这个单词便与“pedagogue”(教仆)同义。可以看出,当时的教育只是少数奴隶主和贵族的一种特权。另一个写法是“education”,来自古拉丁语系,它由词头“e(x)”(向外)、词根“ducere”(引导)以及词缀组成。这里的“外”,是指“外在”或“外显”,合起来是指要把人(学生)的天分、能力通过引导的方式培育出来。可见,后者的立意更加具有一般性,故其使用更加广泛。

在中文语境中,“教”和“育”原本是两个字。“教”的甲骨文字体,由3个部分构成:左下部为“子”的古体,表示孩童,是“教”的对象;左上部为“爻”的古体,用来表示“教”的内容;右半部分为“攴”(音 pū),形似手拿戒尺的动作,是“教”的手段。这个汉字非常生动地把古代教育孩童的过程勾勒出来了(图1-1)。至于“教育”二字合用,最早见于战国时期的《孟子》,书曰“得天下英才而教育之”。可见,当时人们已经朦胧认识到,“教”是一种手段,而“育”才是“教”的目的。东汉许慎在《说文解字》中给出解释,“教,上所施,下所效也”“育,养子使作善也”。所以,教育就是教以育人。

图1-1　甲骨文“教”和“育”的写法

通过词源分析可以看到,关于“教育”的理解是在不同时期、不同阶段中形成的,在中西方语境中也有差异,如何给“教育”下一个准确的定义呢?荀子说,“以善先人者谓之教”,强调的是要对先人的经验进行继承、发扬;近代启蒙思想家梁启超说,“教育是教人学做人——学做现代人”;古希腊哲学家柏拉图说,“教育是为了以后的生活所进行的训练,它能使人变善,从而高尚地行动”。

定义的目的是确定研究的边界,要有一定的区分。关于“教育”的说法,还有许多有趣的话题。比如,在低等动物界是否存在着教育现象?法国社会学家利托尔诺(C. Létourneau)写了一部书《动物界的教育》,专门讨论这个

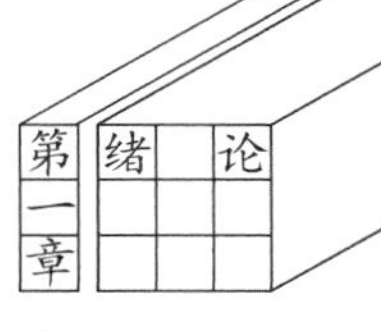

问题。他观察到许多生物在母体和幼体之间存在着“教育”的行为，比如鸭、燕雀、欧椋鸟等各种禽类通过自身示范“教导”幼禽学习各种生存技能。如果我们承认人类的教育是基于生物性的，那么，我们就得按照生物性的规定来设计我们的教育体系；如果我们不同意这种观点，就要分清“由猿到人”的分界点，还要说清人类社会与自然状态之间的主导性的区别是什么。其实，从这些研究视角出发很难判断孰是孰非，因为定义的关键在于我们对“教育”的期许是什么。

究竟什么是教育呢？有广义和狭义两个层面的理解。在广义上，教育是以人为教育对象，以影响人的身心发展为直接目标的社会活动——凡是有目的地增进人的知识技能、影响人的思想品德的活动都属于教育范畴。狭义的教育，即学校教育，学校教育既具备广义上的特点，又具有特定条件，有专职教师、有固定场所、有特定的组织形式等[2]。本书所言的“教育”即狭义的教育。在这样的定义中，就明确了教育活动具有生物性（人的自然属性）、社会性以及人的身心发展的综合特征。

（二）课程

关于“课程”的定义，比“教育”的概念还要繁杂。据不完全统计，仅在文献中对课程的定义就有100多种。这个现象本身就是一个非常有趣的问题，为什么对课程的定义难以一锤定音呢？

从词源来看，“课程”这个词并不是舶来品。宋代朱熹在《朱子全书·论学》中多次提到“课程”，如“宽着期限，紧着课程”“小立课程，大作工夫”等。可以推断，至少在1 000年前，“课程”一词已经接近教育教学的含义了，可理解为“课业”“进程”的意思。

在英文中，与中文“课程”相对的词汇为“curriculum”。据考证，该词最早出现在英国教育思想家斯宾塞的文章《什么知识最有价值》（1859年）中，用以指代教学内容的系统组织[5]。从造词法来看，“curriculum”来源于拉丁文“currere”，原指“跑道”“奔跑”之意。同样是这个单词，对“课程”的理解就引申出3种观点：结构主义的、范例观的和发展主义的。结构主义者看到的是这个“圈”的圆心，主张以学科的理论中心建立课程；范例观者看到的是

“一圈又一圈”的实践;发展主义者看到的是“奔跑”行进中所需要的各项素质。

汉字“课”,从造字法来看,古今几乎没有变化:左边为“言”字旁,右边为一个“果”字——果是一个有根、有枝干、有果实的形态。“言”就是表达,把这个客观存在转化为逻辑信息。在中文语境中,“课”也有责问、考核、处罚之意,如“成器不课不用,不试不藏”,强调的就是“考核”。一株苗能结百只果,一块土可长百株苗。所以,“课”本来就是丰富多彩的,也是永远发展着的。

《教育大辞典》将“课程”的定义大致归为3类:第一,科目说,认为课程就是一门科目,在这个科目下学生和老师进行各种教学活动[6]。第二,进程说,认为课程是一定学科有目的、有计划的教学进程,它强调的是“进程”,不仅包括教学内容、教学时数、教学时序,还规定了学生必须具有的知识、能力、品德的阶段性发展要求。第三,内容说,即强调教学内容,把列入课程计划的各学科的内容按照一定的顺序进行编排叫作课程。除此之外,还有研究者增加了第四种类型,即“学习说”,从学习活动(学生)的角度来阐释,把课程定义为“学生为了实现一定的预期目标、取得相应的学习经验而进行的学习活动”[5]。

对课程下定义,不能单独从课程自身来看课程,还应从它所在的教育教学体系中的位置入手。所谓课程,就是按照一定的规则(如学科内在逻辑、培养目标或讲解特性),组织形成的具有特定内容的一套教学体系和实施方案。这个定义涵盖了拉尔夫·泰勒(被誉为“现代课程论之父”)所提出的4大要素(图1-2),即“ABCD结构”,分别是:① 教育教学目标(A,education aims),课程要做什么? ② 学科内容(C,subject content),包括哪些学科、哪些内容? ③ 课程设计(D,curriculum design),使用什么教育策略、教学资源、教学活动方案(属一般原则性的,不同于教学具体实施方法)? ④ 课程实施与评估(B,both of enforcement and evaluation),如何评价课程(方案)的结果(对目标支持的有效性)?

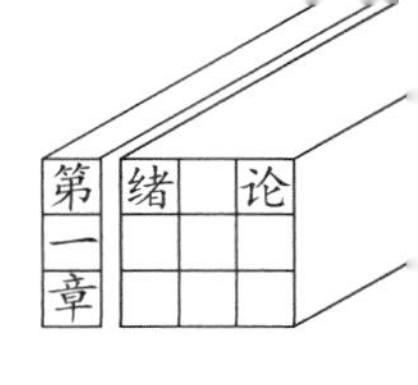

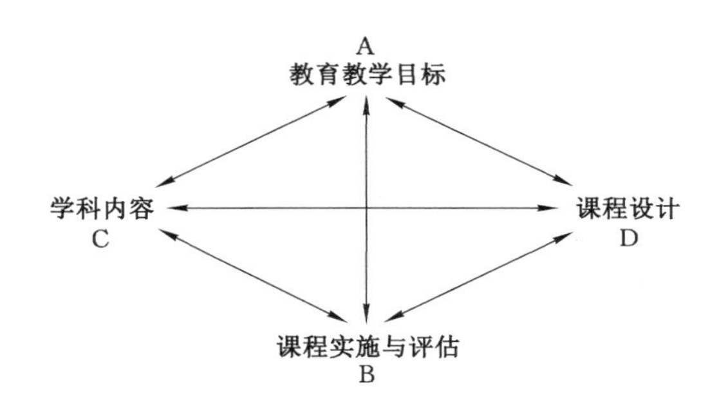

图 1-2 课程结构四要素

（三）教学

教育、教学、课程这三者是什么关系？教师、学生、教材、教学大纲，以及相关教学资源、条件、环境之间又有什么联系？为更好地分析这些问题，举例说明：在某大学里，某老师承担了一门课程的教学工作，课程名字叫“地质学基础”，共 32 学时，排课为每周一、周四的上午 1～2 节，上课地点为 4 号教学楼 B303。为了上课，他要研读与课程相关的培养方案、教学大纲等资料，然后以相关教材（1 本或多本）为基础，搜集与课程相关的学科材料为补充，进行备课。此外，他还要撰写教案、讲稿，并拍摄成视频，上传到网站上，供校内外的学习者观看和学习。上课的同时，也要接受督导和管理。这样一个案例是每位教师的教学日常。其中，有哪些问题可以体现出来呢？

(1) 在教学大纲中，明确了授课高校或专业类别的培养目标，该门课程作为学科体系对人才培养目标的支撑情况，这方面涉及人才培养的高度阐述，应属于教育学的概念范畴。

(2) 课程排定的时间、地点，这是一种约定。对于老师和学生来说，都是上课，属于教学的概念。“教学”不等于“教书”，因为教学强调的是动作的实施。

(3) 课程是不是教材呢？在课程编制中，会对教材有规定，可见课程是对教材的组织，按照教育教学的规律来编制，所以教材与课程是两码事。

(4) 教务老师在课堂上旁听课程，他会通过该老师的教学情况来判断课程的效果，这属于教学评价的内容。

(5) 该老师在课堂上课,是一种教学行为,但是,同时所录制的视频又变成了一种课程资源。

(6) 该老师所撰写的讲稿是否属于教材呢?因为它不具备已出版或受到广泛而一定的认可,不能称之为教材(也不能称之为讲义)。它是按照讲解特点所组织的,因而是教学上的一种创造。

(7) 该老师在备课过程中运用了一些新的教学理念或方法,这个已经超越了教学本身,属于课程设计的范畴。

(8) 在教学总结中,该老师通过观察、调研和思考,发现一些新的教学现象,探讨了它们的形成原因,并撰写成文、刊发在教育期刊上。这个属于教学还是教育?显然,也超越了教学,属于对教育(具体方面)的思考。

(9) 在课程结束时,学生会说"通过这门课,学到了……",也就是说,他们的知识是通过"课"获得的,尽管他们也阅读了教材、教参等辅助资料。对学生来说,这是一个课程的执行过程,有老师、有学生、有各方面的参与,而非一个单纯的教学或学习过程。

(10) 教务系统会在课程结束后,将相关评价、督导等信息反馈给该老师。这些问题仅仅包括教学问题吗?应当也包括课程甚至培养方案、教育理念上的问题。

通过这样一个小案例,我们还可以提出各种各样的问题。从中可以看到,教育、教学、课程,以及由此而延伸出来的各种教学要素是交织在一起的。由此就不难明白,为何关于它们的理解会有各种"版本"了。但是,复杂不代表无法界定。

其实,这些问题反映的是教育教学体系是如何设置的。如果将该体系看作一棵根深叶茂的树(图 1-3),其地面以上部分为教育部分,地面以下部分为教学部分,分别对应着"教育环境与条件"和"教学环境与条件"。在逻辑纵向上,教育高于教学,可以说,教育是教学的抽象化,教学是教育的具体化。因为教育的任务面对的是如何培养人的问题,而教学的根本任务正是为了实现教育的这一功能[7]。支撑教育这个"树冠"的,是"树干"——人才培养方案。人才培养方案是将教育的目的引向教学的重要环节。它在制定

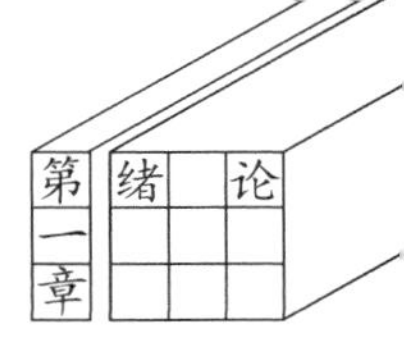

上，需要结合各种人才培养理念，比如产学研融合理念、新工科理念、工程教育 OBE 理念等，还要以“教育产出”为导向，面向受教育者（学生）在整个学习过程后能够取得的各种知识、能力和素质，再对培养方案进行反向制定和改进[8]。

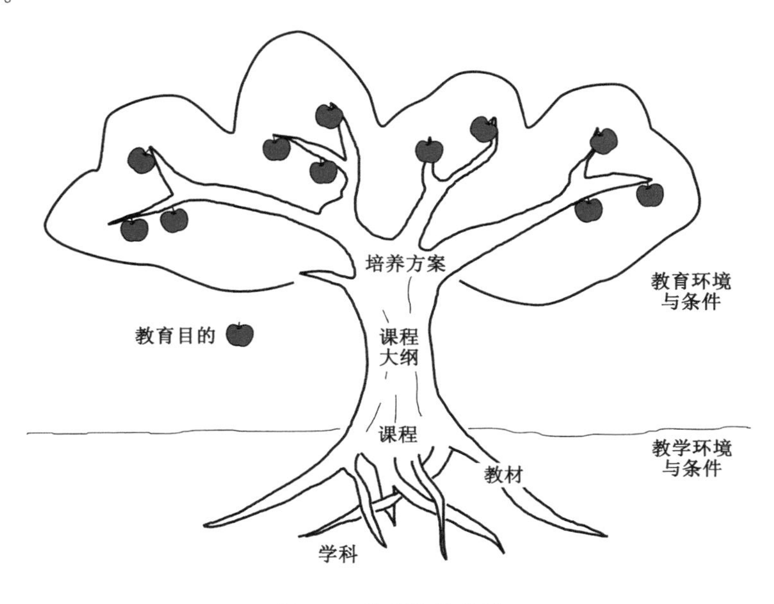

图 1-3 教育教学体系

从培养方案到教学过程，还需要一个中间环节——课程大纲（课程质量标准）。课程大纲将培养方案进一步细化，细化到知识内容（教学内容）。课程大纲一般由课程性质、课程目标、课程内容及学时、师资队伍、教材及教学参考、教学组织、课程考核等几个方面组成。课程大纲如何使用呢？用来给谁看呢？一个是教师，一个是学生，其目的是让教师明确为什么而教，同时也要让学生明白为什么而学。实际上，一些研究者已经明确提出将课程大纲看作两个“版本”：一是“外在版”，它是为了保证课程的培养目标与学校、院系和专业培养目标相一致，而由“课程开发委员会”（教学委员会或课程组）而制定的；二是“内在版”，注重课程内在内容的细化与联结，它是具体任课教师（或课程组）制定的，包括任课教师对课程大纲的设计，如教学方法、教学策略、评价方法、学习评价内容及分数分配、教科书和参考书、授课进度与内容以及备注、考核等方面[9]。这样就实现了内在与外在的统一。

有了课程大纲做指导，接下来就可以编制具体的课程方案了。课程可以看作树的“根基”，当然这个根基由树根——各种教材，以及相关联的课程运行程式组成。教材是一种显性的课程资源，它的编制效果直接决定了课程运行的基础。在教材建设中，要对照人才培养目标，注重吸收学科前沿知识，要具有一定的高度、深度和广度[10]；同时，还要依据课程标准，遵循教学规律、学习规律与学生发展规律，不断更新、修订、补充现有教材，甚至打破原有教材体系重新编撰。

通过以上分析，可以将这些要素之间的关系做一下简要概括：教学是教育的具体实施，而教育则是教学的最高目的。换言之，教学是教育的具体化，教育是教学的一般化。课程是教学活动的“实体”，教材是课程进一步的“实体化”。通过编制与设计，课程与教学活动对接。教学活动进一步实施，最终将教育的理念催生出来，形成教育成果，即完成对人的全面培养。它们是一个有机整体，这就是有机的教育教学体系观。在这个体系中，课程起着承上启下、顶天立地的作用，所有教育教学元素都能在且必然在这一部分得以体现出来。

二、课程学发展简史

从历史的视角，来看一下课程学的发展阶段。以课程论或课程学的学科化为主线，可以将课程学发展史大致划分为 4 个阶段，即孕育期、启蒙期、变革期、成熟期（图 1-4）。

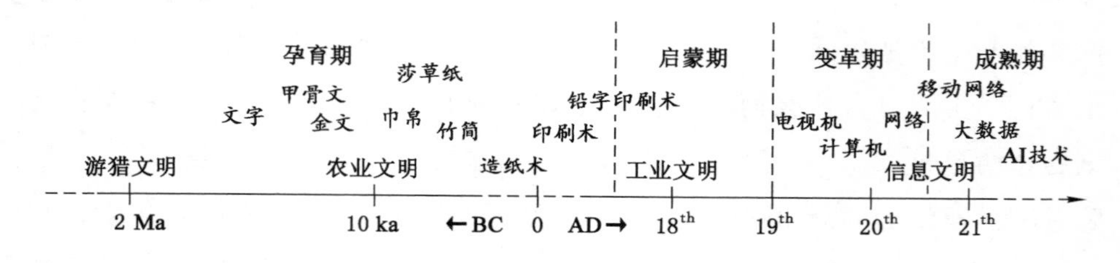

图 1-4　课程学的技术发展阶段

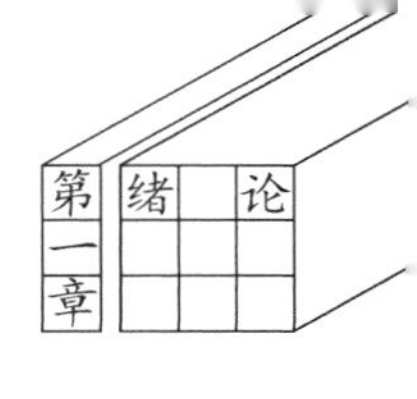

（一）孕育期

“课程意识”的产生，是一个非常漫长的过程，它是伴随着教育学的产生而逐渐分化出来的。在文字出现前，口语文化中没有书面文本，组织思想和再现思想是一个非常困难的事情。有关课程或教育教学的研究，最早可以追溯到中国的商周时期（晚于文字开创时期）[5]。比如，傅说（商代武丁时期）提出“学（音 xiào）学半”的思想，即“上学为教；下学者，学习也”，也就是“教学相长”的意思。周公旦是西周时期杰出的政治家、思想家和教育家，他提出了“礼乐”“敬德”“六经”“六艺”的思想。其中，“六艺”是指礼、乐、射、御、书、数这 6 门课，教授礼仪、艺术、射箭、驾御、文字、数学（包含历法）等内容，从中也可以看出，这是面向贵族的一种教育体系。

孔子继承了周公旦的理念，创办私学，按照“有教无类”的主张，促进了教育的大众化发展[11]。孔子将具有高尚人格的“君子”作为教育的榜样。关于教育的目的，他说，“志于道，据于德，依于仁，游于艺”，“道”“德”“仁”都属于道德修养的基本概念，可见，在孔子那里，德育是第一位的，自然也成为儒家教育理念的核心内容[12]。自汉代实施“独尊儒术”政策之后，进入学校的课程一般只有儒家文化，虽然在魏晋南北朝时期有过短暂的动摇，其基本趋势是在吸收、融合中发展并固化下来[13]。由于古代中国学科化程度比较低，这一阶段很长，一直持续到 19 世纪末 20 世纪初，关于课程乃至教育教学的研究一直处于经验研究阶段。这与课程内容的单一化有很大的关系。

与孔子同期的古希腊“三杰”在西方教育史上产生了深远影响。苏格拉底提出了“精神助产术”的教学思想。这种方法所传递的思想是：教学并不直接传递知识，而是推动人自己去认识真理，最终成为有智慧、有完善道德品质的人[14]。柏拉图的教育哲学以理念论为基础，他认为世界由理念世界和现象世界组成。所谓理念，就是共相、概念、普遍的真理，它们先于人的肉体而存在（先验论），人的认识（或学习）就是回忆。由此，他构建了一个金字塔式的课程教学体系（图 1-5），依学生的心理特征划分了若干个阶段，并提出了“四科”划分，即算术、几何、天文、音乐，这在西方教育史上属于第一次[15]。亚里士多德以灵魂论为基础，发展了按年龄分级教育的思想，他以

7年为周期，将人生教育阶段划分为3个阶段，即0～7岁(体育)、7～14岁(德育)、14～21岁(智育)[16]。

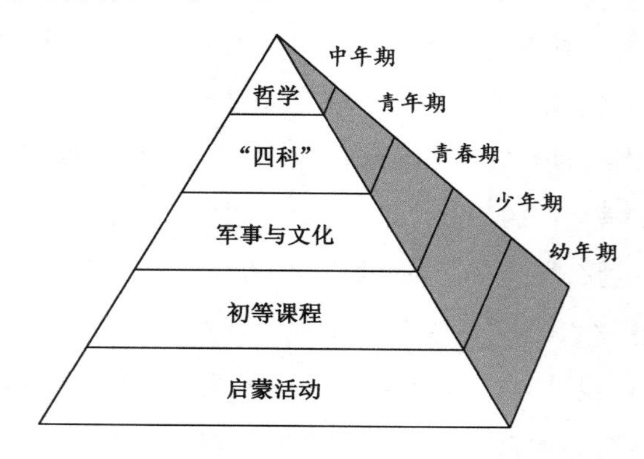

图1-5 柏拉图的“金字塔”课程教学体系

在这一阶段，世界上涌现出许多古典教育哲学家。由于记录载体的限制(如中国古代的兽骨、竹简、巾帛，古希腊的莎草纸)，它们的容量是有限的，无法允许书写者作大量文字的书写，且其在传播上极为困难。这就造成了他们的语言大多具有宣称性的、凝练的、精简的特点，这些知识所传递的思想被少数思想者自身拥有，教育教学活动也只能靠口耳相传的形式实现。

中国的造纸术是在西汉时期发明的，但是真正在世界范围内传播开来却是在12—15世纪。1450年，德国人古登堡发明活字印刷机，使纸张和书籍变得相对普通，书面表达的内容也越来越丰富和复杂。更重要的是，每一个有需要的人都可以得到书籍，读和写变成了每个人发展的需要，进而影响了教科书的出版格式和内容逻辑结构[17]。比如，中世纪许多教授法律的老师并没有完整地看过《法律大全》，因此只能部分地讲授，且无法讲解这些部分与整体之间的关联;但从1553年开始，一些法律学者对《法律大全》进行重新编辑，分门别类进行系统编制并印刷成册，从而使这一古典文献成为完整的体系，彻底地改造了这个学科。

(二)启蒙期

在这一时期，由于知识的广泛传播，有些学者开始关注课程教学中的问题，最终促进了课程学的研究，形成了若干学派，如百科全书主义学派、古典学派以及赫尔巴特学派。

百科全书主义学派的源头为英国哲学家弗朗西斯·培根,其后为夸美纽斯。文艺复兴之后,在资本主义的带动下,哲学思想冲破了宗教的束缚,教育学也获得了突破性的发展。培根提出"知识就是力量",他强调学校教育应当讲授自然科学知识。夸美纽斯更加注重人本性,倡导"泛智主义",注重从学生角度组织课程和教学,他在《大教学论》中说,"教学的艺术,不过是把时间、科目和方法巧妙地加以安排"。他反对无系统地将教材教给学生,提倡采用"圆周式"(螺旋式)的组织方法进行教授[18]。17 世纪,也出现了古典学派的课程论,英文"curriculum"一词最早在 1633 年给出了定义。

赫尔巴特是德国著名教育学家,他在课程研究史上占有极为重要的地位。他的课程思想以其哲学观、伦理学和心理学为基础。他认为人的兴趣主要有 6 个,即经验、思辨、审美、同情、社会、宗教,教学应根据人的兴趣来设置相对应的课程。根据学习过程,他又把教学划分成 4 个阶段:① 明了,学生的心理状态为静态的注意,要求教师在讲解时尽量明了、准确、详细;② 联合,学生处于动态的专心活动,教师应分析教学,进行无拘束的自由谈话,以使新、旧知识产生联合;③ 系统,这是一种静止的审思活动,学生需要在教师的指导下进行深入思考和理解,并形成规律性的认识;④ 方法,学生对观念体系作进一步的深思,延展到实际应用中去,可采用作业、练习等方法。他的门徒齐勒(T. Ziller)在该思想的基础上,提出了"五段教学法",即预备、提示、比较、总括、应用。

科学主义的课程观,也称为"唯科学主义"。一方面,强调对课程学的研究,要采用科学方法,确保研究的客观性、定量化、程式化;另一方面,强调教学内容应以科学教育为主。比较有代表性的人物有斯宾塞(H. Spencer)、赫胥黎(T. H. Huxley)、霍尔(G. S. Hall)等。斯宾塞说,"启蒙运动之前,课程被认为是一种精神之旅;后来,课程代表了促进社会建造和进步的途径"。他认为,"科学知识最有价值",应当在教学内容中占统治地位。赫胥黎极力主张"自由教育",自由教育应将科学与艺术结合在一起。美国心理学家霍尔在心理测量试验的基础上,提出了"刺激—反应"的学习观。从这一时期的发展可以看到，由于工业化的发展、教育活动的普及，对课程的研究和制定也逐渐趋向于程式化。

19世纪初，随着美国都市化进程加快，学校课程已经不再由单个教师自由掌握，开始出现了统一化趋势。在这一阶段，出现了群体性的研究团体，对课程问题开展专门研究。1893年，以哈佛大学校长埃利奥特（C. W. Eliot）为首的“十人委员会”发表了一份著名的研究报告。该报告要解决的是大学和中学的课程衔接问题，试图以大学核心课程的标准来支配中学课程。不过，这也限制了中学课程后来几十年的发展。1895年，美国教育委员会哈里斯（W. T. Harris）组成了“十五人委员会”，提出了“五个协调的学科组”，即算术、地理、历史、语法和文学艺术。同时，一群主张改革的教育学家成立“赫尔巴特协会”，他们把矛头指向传统课程。杜威（J. Deway）是该协会的成员，他于1896年在芝加哥创办了一所实验学校，以学生为中心，开设一系列手工训练等实践课，淡化书本知识，注重实践应用。总的来说，19世纪末美国的课程研究已逐渐流行起来，但研究成果仍然比较零散，缺乏系统性，所使用的研究方法也以主观思辨为主。

（三）变革期

从历史来看，课程学的学科化，不仅与课程的内在变革有关，还与外部的社会变革密切相关。第一次世界大战之后，美国工业快速发展，生产规模随之扩大，技术随之更新。此时，泰勒（F. W. Taylor）的“科学管理原理”在企业管理中取得了巨大成功，并很快影响到教育领域。

进入20世纪，尤其是20世纪早期，美国出现了多个革新派，他们越来越清晰地认识到课程学的重要意义。最具有代表性的是“科学—课程制定者”团体，他们呼吁要探索科学研制学校课程的新途径。博比特（F. Bobbitt）是其中最为优秀的代表，他的研究专著《课程》于1918年出版，该书被认为是课程成为专门研究领域的里程碑。博比特关注的是学校课程与成人生活之间的关系，他把成人生活划分成10类，分别为语言活动、健康活动、公民活动、一般社交、休闲娱乐、维持个人心理健康、宗教活动、家庭活动、职业活动和非职业活动[19]，由此概括出成人生活应具备的能力（包括态度、价值观、知识

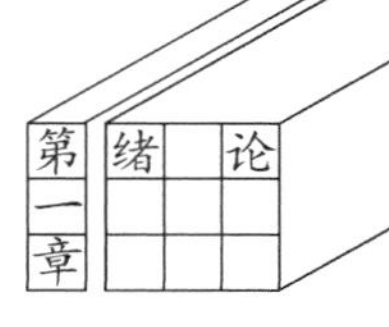

和技能)。他把学校看作企业,学校的任务就是要努力实现这些目标——成人应具备的能力。可以看出,博比特是一个效率主义者。

从 20 世纪 20 年代开始,一些大学纷纷成立了"课程与教学系",课程理论界的学术权威"课程开发与督导协会"也成立了。1918—1948 年间,美国教育界发生了一系列事件,显示了课程研究学科化的发展轨迹。首先,许多地区的学校创设了各自的课程修订方案。其次,大学的"课程实验室"和"课程与教学系"建立,产生了独立的学术研究机构。最后,全美教育协会所设的"教学视导与课程编制协会"发展成为美国公认的课程研究学术权威组织,它使课程作为专业研究领域的地位得到了行政上的支持和认同。在此期间,对课程的学科化研究影响最大的两大事件,一个是全美教育协会第 26 期年鉴的出版,一个是"进步教育协会"发起的八年课程实验研究,大大推动了课程学的学科化发展。当然,这一时期的研究在方法论上仍带有浓厚的"技术性"色彩,课程理论的框架体系尚未成熟和成型。

(四) 成熟期

1949 年,美国学者泰勒(R. W. Tyler)的专著《课程与教学的基本原理》出版,该书被认为是现代课程理论的奠基石,标志着课程学的成熟。在这部著作里,他提出了 4 个基本问题[20]:① 学校应该追求什么样的教学目标?② 什么样的教学经验才能实现这些目标?③ 如何有效地组织这些教育经验?④ 怎样确定这些目标得以实现?这 4 个问题其实也是课程编制的步骤,由此被称为"泰勒原理"。在这 4 个步骤中,"教育目标"是最关键的问题。泰勒指出,要合理地制定教育目标必须考虑 3 个因素,即对学生的研究、对当代社会生活的研究和学科专家的建议。要把握住这个问题,则必须同时借鉴教育哲学和学习心理学这两把尺子。

在泰勒原理提出之后,美国出现了一批课程研究者对课程学进行全面、深入的研究。比如,美国心理学家布鲁姆(B. S. Bloom)及其同事对泰勒原理中的"教育目标"进行了卓有成效的分类研究,将其划分成认知领域、情意领域、动作技能领域,每个领域又可以继续划分成若干亚类和层次。美国学者塔巴(H. Taba)围绕泰勒原理中的"学习经验"的选择和组织展开了进一步研究，将泰勒原理的4个步骤扩展为8个，分别是分析需求、形成具体目标、选择内容、组织内容、选择学习经验、组织学习经验、建立评价标准并进行评价、检查平衡性与顺序性。这种划分使课程编制的过程更加具有可操作性。

20世纪50年代以来，美国课程学界又出现了结构主义发展态势。比如，美国学者比彻姆(G. A. Beauchamp)在1961年出版了研究专著《课程理论》，在书中他试图对课程理论的地位和范围进行有条理的说明，以构建一门科学的课程理论。1957年，苏联成功地发射了第一颗人造地球卫星，引起美国上下震动，被认为是科技领域的"珍珠港事件"。美国人将科技和军事的落后归因于教育的落后。1958年，美国颁布《国防教育法》，政府划拨巨资用于全国范围的课程改革。这些改革催生了课程的结构主义学者和学说。比如，布鲁纳(J. S. Bruner)提出了"结构课程理论"，他提出"不论我们选教什么课程，务必使学生理解学科的基本结构"。为什么要强调学科结构，他认为其有3个方面的效能：① 简约化的知识有助于学生理解和记忆；② 能实现知识技能的迁移；③ 掌握基本结构，可缩小高级知识与初级知识的差距。

20世纪70年代以来，许多教育哲学相关理念被引入课程学中，打破了泰勒原理一统天下的格局，呈现多元化发展的趋势。比如人本主义理论，该理论从学生的角度出发构建课程体系，强调"课程目标要指向人，教学的目的在于培养完整人格的人"；再如派纳(W. F. Pinar)的范式主义理论，该理论认为理解课程的关键在于"概念范式的重建"，持该观点的学者也因此被称为"概念重建主义者"。此外，现象学、存在主义、马克思主义等哲学流派也催生了新的课程论。

我国自改革开放以来，课程学由过去相对闭塞和滞后的缓慢发展状态，以"引入—重构"的发展模式，进入了相对较快的发展态势[21]。20世纪70年代，邵瑞珍、廖哲勋、王伟廉等人编译了国外课程学的经典著作，对我国现代课程学的发展起到了很好的启蒙作用[22]。90年代以来，随着互联网技术的发展，后现代教育思潮在我国兴起，后现代课程发展思想也传入我国。当前我国全面进入新时代发展时期，课程学理论的发展也要与时俱进。近40年来，我国课程学研究获得了长足的发展，很大程度上得益于泰勒原理下的现

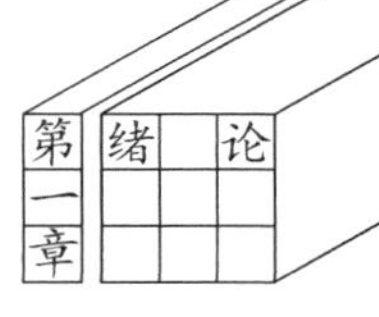

代课程研究范式和多尔(W. E. Doll)的后现代课程观下的课程研究范式。这些研究为我国未来课程发展提供了许多宝贵经验。

回顾课程学的研究历史,可以发现课程学的发展脱胎于教育哲学或哲学中的教育理念,进而萌生、发育、成熟起来。它的变革既依循着自身的内在规律,又受到外在因素(如经济社会因素、教育教学技术因素等)的影响,从而在现今呈现为多元化的发展趋势。教学活动须依赖一定的教育技术作为媒介才能得以施展,即把教育的理念和目的付诸教学,而技术的发展带有一定的阶段性。按照教育技术的普遍特征,可以将课程学的技术发展划分为4个阶段,分别为游猎文明时代(教育1.0时代)、农业文明时代(教育2.0时代)、工业文明时代(教育3.0时代)、信息文明时代(教育4.0时代)[23](图1-4)。

三、研究问题与内容

本书拟解决的关键问题可以概括为:基于当代教育思想与专业教学实践,如何构建新型教育教学理念,从根本上化解当今教育教学中的问题,以应对未来大学教学发展趋势?所研究的子问题及主要内容有:

(1) 高等教育学的理论基础是什么?从经典教育理论的视角,梳理教学"主体—客体"之间的关系;从现代教育学说的视角,把握"认知—学习"行为的特点与规律;从当代教育观念的视角,透视"技术—理念"的本质。

(2) 地质学的教学规律是什么?从自然与人工、宏观与微观、经验与理论、解析与构建、分化与整合等5个方面,概化、分析、提炼地质学的教学规律。

(3) 如何构建新型教育教学理念?基于情境认知理论,构建以模型为核心的情境教学论;研究知识点的微观结构,从知识点到知识团,构建知识点的聚合结构和分类维度;针对大学课程的特点,建立起动态的课程结构,并对大学课程进行分类研究;融合工程教育认证理念及课程思政理念,构建育人育才融合专业观。

(4) 大学教学的未来发展趋势有哪些表现?着眼于教育的未来,从教学中心、教学平台、教学内容、教学任务、教学视域、教学归宿等6个维度探讨大学教学的发展趋势。

四、基本观点

课程是承载教育教学理念的实质载体，集中体现了教学、学习乃至教育等各个环节或因素。要解决现代课程面对的问题，则要综合使用多种认知心理学和教育学的相关研究理论。本书的基本观点体现在以下 9 个方面：

(1) 学习是一种复杂的心理事件，它是经验所带来的心理表征或联结的长期变化。

(2) 教学过程是教学主体与客体之间的双向过程，两者相辅相成、对立统一。

(3) 教学活动遵循着情境主义的教学规律，情境不是教学主体的情境，也不是教学客体的情境，而是模型的情境。在教学模型的建构过程中，遵循着建构与解析的辩证规律。

(4) 任何教学方法和模式都应从属于某一特定的教育教学理念，该理念具有自洽性、相对性和时代性。一方面，它是解决某一(些)教育教学问题的产物，或适应某个特定历史—社会时期的产物；另一方面，它来自某一具体课程或学科，具有一定的普遍性，也带有一定的特殊性。

(5) 教学研究的最终目的在于建立一个正确的教育教学观，它来自具体的教学实践，同时也能更好地指导教学实践。

(6) 大学课程处于非稳定的势态中，它具有一个核心、一个可变的影响半径以及一个模糊的、动态的边界。

(7) 大学课程知识以聚合的结构存在，即知识团，它由若干个次级知识团(知识点)构成。

(8) 影响教学活动的因素是多方面的，包括人的因素、知识性因素、结构性因素、社会性因素等。随着教育阶段的延续，其社会性因素越加明显，尤其对于高等教育而言，其社会性(行业性)更加突出。

(9) 在专业人才培养体系中，育人目的与育才目的是教育的两面，应合为一体，构建为融合式的体系。

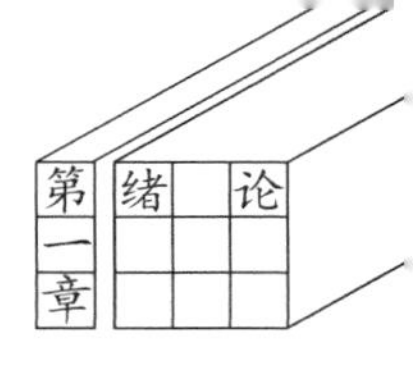

参考文献

[1] 王作亮,张典兵. 教育学原理[M]. 徐州:中国矿业大学出版社,2015.

[2] 许红梅. 教育学[M]. 北京:高等教育出版社,2015.

[3] 陈先哲. 教育学:科学抑或人文[J]. 山西大学学报(哲学社会科学版),2016,39(1):89-93.

[4] 娄雨. 教育学"科学还是技艺"的历史重审:从夸美纽斯出发的思想史研究[J]. 教育研究,2020,41(7):62-74.

[5] 丁念金. 课程论[M]. 福州:福建教育出版社,2007.

[6] 顾明远. 教育大辞典 12:比较教育[M]. 上海:上海教育出版社,1992.

[7] 包祥. 素质教育与教学改革[J]. 教育探索,1996(6):7-8.

[8] 申天恩,洛克. 论成果导向的教育理念[J]. 高校教育管理,2016,10(5):47-51.

[9] 巩建闽,萧蓓蕾. 谁来制订课程大纲:兼论 OBE 人才培养方案设计[J]. 高等工程教育研究,2020(4):180-187.

[10] 孙立会,朱雅,李芒. 大学教材建设的问题与政策建议[J]. 黑龙江高教研究,2020,38(8):1-5.

[11] 张绪平,张炘炘. 孔子的私学简析[J]. 黑龙江史志,2008(22):20-21.

[12] 高婷. 儒家教育目的观的嬗变[D]. 南昌:江西师范大学,2015.

[13] 陈来. 论儒家教育思想的基本理念[J]. 北京大学学报(哲学社会科学版),2005,42(5):198-205.

[14] 郑庆文,王德清. 苏格拉底"产婆术"教育思想述评及其实际教学中的应用[J]. 内蒙古师范大学学报(教育科学版),2002,15(4):5-7.

[15] 刘丽英. 论柏拉图的教育哲学思想[J]. 和田师范专科学校学报,2011,30(5):126-128.

[16] 吴芳. 论古希腊教育思想[J]. 教育理论与实践,2002,22(增刊):26-27.

[17] 汪琼,尚俊杰,吴峰,等. 迈向知识社会:学习技术与教育变革[M]. 北

京:北京大学出版社,2013.

[18] 卜玉华.课程理念的历史透视与重建[J].华东师范大学学报(教育科学版),2001,19(3):64-75.

[19] MCNEIL J D. Curriculum:a comprehensive introduction[M]. 3rd ed. Boston,Toronto:Little,Brown and Company,1984.

[20] TYLER R W. Basic principles of curriculum and instruction[M]. Chicago:University of Chicago Press,1949.

[21] 廖哲勋.从课程论到课程学:课程理论发展的必然逻辑[J].课程·教材·教法,2017,37(6):4-12.

[22] 宋国才,宁婷婷.中国课程开发研究40年:回顾与展望[J].四川师范大学学报(社会科学版),2019,46(1):61-68.

[23] 刘濯源.教育4.0时代,教育技术的新变革[J].中国信息技术教育,2015(15/16):143-144.

第二章　高等教育的理论基础

现代高等教育肇始于19世纪初期，其标志为1810年德国柏林洪堡大学的建立。现代大学与传统大学的区别就在于它的专门性（专业化或专门化）[1]。其创始人洪堡（W. Von Humboldt）强调了大学在人才培养与学术研究上的双重功能，认为“大学应当是带有研究性质的教育人的场所……大学教师既是教育者，也是研究者，他们在各自专业中的成就正是通过教学活动而取得的”，在社会化的过程中，推动了大学的学科化[2]。中国现代高等教育的发展在形式上受苏联体制和西方体制（包括经由日本传播的西方体制）的双重影响，体现在学科内容、课程设置、教学方式、办学理念等各方面。当代中国高校按照职能可划分为学术型、应用型、职业型等3种基本类型，它们只是在培养方向和渠道上有所不同，高等教育发展的主轴仍在于它的专门性[3-4]。

专门性是对传统通识性教育的演化，并不存在进步和倒退之分，它只是在自身有限的条件上更好地适应了社会发展的要求。有人将现代大学比喻成“知识的工厂”，但其本意是在强调大学生产知识的功能，但不能将教师类比为工人，学生类比为产品，课程类比为生产流程[5]。实际上，教育发展的走向就是要在坚持专门性的基础上克服其与生俱来的消极影响。

因此，大学所承托的教育功能就落在了专门化下的单科或复合性的多科教学的主体之上了，即专业教育。可以说，现代高等教育正是以专业教育为核心而构建起来的教育体系。高等教育之“高等”，非内容之高等也，乃专业思维之高等也。专业教育是专门知识体系与教育学共同作用的产物，对各类专业教育实践而言，只有把专业思维放归到专业教育的具体实践中才能起效，对各专业自身的教育思想的研究也是必要的。

一、经典教育理论

教育是什么？英国教育哲学家彼得斯提出，教育本身并非是一种活动方式，而是衡量教—学活动的价值标准[6-7]。也就是说，“教”是基础，“育”是目的，而教育之“教”的基础却是“学”。有关学习的理论，在教育学的发展历史中形成了四大学派[8]。

（一）联结学派

美国学者桑代克(E. L. Thorndike)首开教育科学研究的先河，自1911年以来，他在实证主义和实验方法的基础上创造性地形成了联结主义学说，奠定了现代教育心理学的基石。在著名的“饿猫迷笼”实验中，他观察饥饿的猫为获取食物所采取的一系列学习行为——试错过程，即通过反复尝试错误以获得经验，这也是外在刺激与内在反应的联结过程(图2-1)。在《教育心理学》中，他利用联结学说解释人类学习的规律，即效果律、准备律、练习律等三大定律，其基本观点是——有效的刺激与反应是呈正相关的。学习是如何发生的呢？他与伍德沃斯研究认为，只有当两种学习情境存在共同成分时，一种学习才能影响另一种学习，也就是共同的刺激产生共同的反应，从而实现学习的迁移[9]。

图2-1　桑代克的联结(S)—试错(R)模型

联结主义在美国形成了一个强大的学派，自创立以来直到20世纪70年代，一直处于主导地位，影响并产生了一大批学者，如华生、格思里、赫尔、盖茨、斯金纳等。尽管他们的思想在某些问题上观点不完全一致，但是在学习实质、学习过程、学习条件等方面并没有本质上的不同。这些研究者中，尤以斯金纳的工作最为突出，他将该学说延伸到操作性条件作用，主张用程序教学及机器教学来改革传统教学——将知识按体量和难度进行细化，并按一定的程序讲授。这种讲授方式类似于巴甫洛夫在条件反射试验中提出的“强化”，在教学过程中教师应当采取积极的强化手段，并注意消除消极强化带来的负面影响。

联结主义从客观角度观察和分析主体的学习行为，将学习过程看作由客体到主体的联结行为，因此常被人们拿来与行为主义进行类比。该学说的优点和缺点都非常明显，优点是它建立了科学的、清晰的、具有可操作性的方法论，而缺点是实验的理想条件自身带有局限性，在由低等动物到人的应用过程中，其局限性也被逐级放大。

（二）认知学派

认知学派起源于德国的格式塔心理学，“格式塔”是德文“Gestalt”的音译，其含义为形状、形式。认知学派创始人有韦特海默、考夫卡、苛勒等。格式塔心理学基于这样一个经验：在处理视觉现象时，人脑对整体形态的认知大于部分之间的加和，表现为简单律、对称律、相似律、闭合律、接近律、连续律等认知倾向。比如，在同一条直线或曲线上的元素被认为更相关，更亲密的对象比分开的对象被认为更相关，有相似特征的元素被认为更紧密相关，等等（图 2-2）。

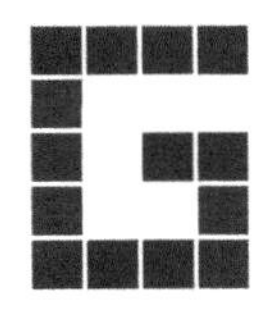

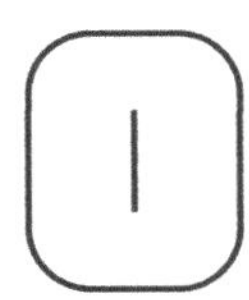

图 2-2 格式塔图形

1913—1917 年间，苛勒对黑猩猩的“问题—解决行为”（学习行为）进行试验研究，并于 1917 年、1925 年出版《猿猴的智慧》，发现黑猩猩在解决问题的过程中其理解力发挥着重要作用，促使其采用间接方法解决问题，这是与联结说完全不同的另一种学说——完形说（或顿悟—完形说），即，学习并不是通过盲目的、机械的试误及其强化而建立起的一种情境与反应之间的联结过程，而是通过有目的的、主动的了解，在顿悟的启示下将个别刺激完成为一定情境的“完形”过程。此后，考夫卡出版了《心智的发展》(1921 年)，将该学说应用在儿童心理学问题研究中；韦特海默著有《创造性思维》(1945 年)等书，将顿悟学习原理应用在人类创造性思维研究中。由这些学者共同遵循的基本原理称为“认知理论”，其基本要义是：① 人的学习形式以意识为中介，且受意识支配；② 学习的结果是依靠主观的组织作用形成“完形”结构；③ 对于学习中的问题，应当从主体内部过程与内在条件进行考察和研究。

认知学派的研究不再以低等动物作为研究对象，而是以人作为受试对象，这是对教育心理学研究的重要贡献，影响了一批研究者，如贾德、布鲁纳、奥苏贝尔以及现代建构主义者，他们的思想与完形说都有着很深的渊源。布鲁纳(J. S. Bruner)将研究视角聚焦在学习目标上，他在《教育过程》(1960 年)著作中提出学习任何一门学科的直接目的，就是要在学生头脑中建构起良好的认知结构，由此形成了“认知—结构”理论，因此学习的 3 个主要过程(获得、转化、评价)就要围绕着认知结构展开。奥苏贝尔(D. P. Ausubel)进一步提出了意义学习论，在《教育心理学》(1968 年)一书中，他根据学习材料与学习者原有知识结构的关系将学习活动划分为机械学习和意义学习(图 2-3)，认为最主要的是意义学习(或称意义接受学习)，因为只有在意义学习下新知识才能与学习者的原知识建立起非人为的、实质性的联系[1]。在他看来，“影响学习的最重要原因是学生已经知道了什么”，对于教师来说，“我们理应根据学生原有的知识状况去实施教学”。

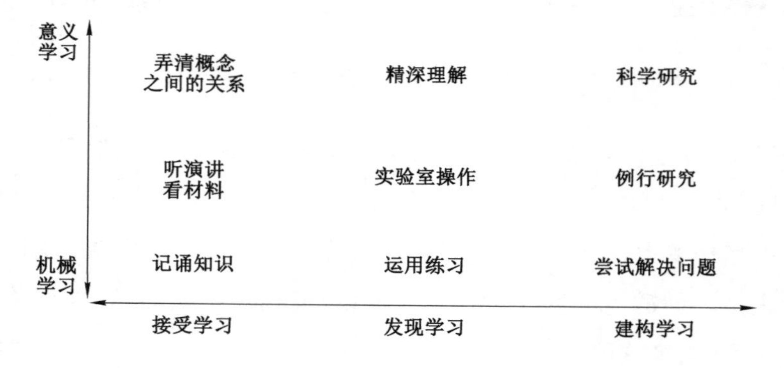

图 2-3　奥苏贝尔对学习的分类[1]

从表面看来，认知主义学说从人的认知活动的各个内在要素的有机关联性进行考察，这是一种从主体出发指向客体的研究思路，它揭示了认知结构的重要作用[10]。不过，这种结构是一个概念性的架构——具有一定的隐蔽性、变化性和不可控性，在不同教学主体和客体那里也会因教学情境的变化而变化。

（三）联结—认知学派

在联结学派和认知学派中间还存在着一个派别，这就是联结—认知学派（或认知—联结学派），学派成员不是接受了认知主义的联结主义者，就是接受了联结主义的认知主义者，其代表人物有托尔曼、加涅等。

托尔曼（E. C. Tolman）是美国行为主义心理学家，其代表作是《动物与人的目的性行为》（1932 年），他在"白鼠迷宫"试验中发现，有机体的认知行为并非是对外部刺激的直接而被动的反应，而是具有一定的目的指向性——发生在主体内部，他将这一部分称为"中介变量"（图 2-4）。中介变量可以划分为个体变量和环境变量：个体变量受人的生理内驱力、遗传、年龄、过去的经验等因素的影响；环境变量是指个体对环境的期待以及环境对个体的制约和要求[11]。学习中的"认识"是如何发生的？他指出，"认识既不起因于一个有自我意识的主体，也非起因于业已形成的、会把自己烙印在主体之上的客体（与主体相对），认识起因于主客体之间的相互作用——在有机体的假想空间内发生"[12]。

图 2-4　托尔曼的"刺激(S)—中介变量(O)—反应(R)"模型

加涅（R. M. Gagné）发表了《学习的条件》（1962 年）、《学习的获得》（1962 年）、《学习结果及作用》（1984 年）等著作，他将学习看作一个有始有终的流程，形成了信息加工学习论，对学习活动、学习策略和学习阶段进行了划分。在他看来，学习是分层次的——从低级到高级提升和发展（图 2-5），对于不同的学习活动类型以及不同的学习个体的目标性结果，学习者应采用不同的学习策略（如智慧技能、认知策略、言语信息、动作技能、态度等 5 类），但就一般学习而言，它就像计算机运算—存储过程一样，可以分为 8 个阶段，即动机、领会、习得、保持、回忆、概括、作业、反馈[13-14]。

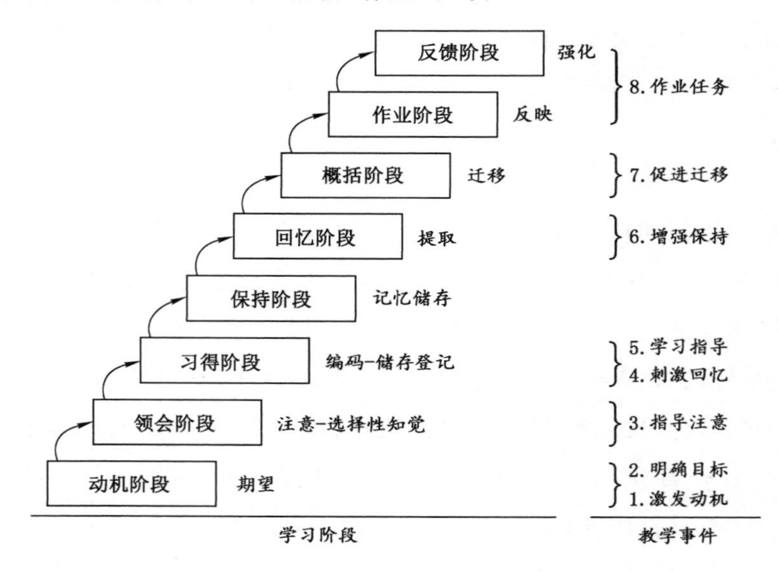

图 2-5　学习阶段及其对应的教学事件

对该学派的研究学者来说，他们强调的不仅是要注意外部反应与外在条件，同时要注意内部过程与内在条件，也就是将主体中的一部分抽离出来并形成中介——这是一个主体认知过程，从而将客体和主体联结起来。这种研究视角，看到了联结学派和认知学派的优点，但没有看到它们各自背后的问题，所以“联结—认知”主义是一种折中主义。

（四）人本主义

人本主义学派最早出现在 20 世纪初，他们以帕克、杜威为首倡导“进步教育运动”，并创立了协会组织，其基础就是人本教育思想。杜威是美国实用主义哲学的创始人，曾在 1919 年五四运动前夕到访中国，对 20 世纪 20 年代乃至以后一段时期的中国教育界、思想界产生过重大影响[15]。他反对脱离社会生活式的学校教育，提出“教育即生活”“学校即社会”，认为教育就是人与环境的不断的交互作用，教育的目的在于提高个体的社会生活的能力和素质，因此教育的手段也必然要依赖个体的生活经验[16]。

第二次世界大战后，该思潮由于被认为影响了教学质量而逐渐衰落，进步教育运动协会也随之解体。直到 20 世纪 60 年代末，以马斯洛、罗杰斯为首的人本主义学派重新焕发生机。他们从自然人性论出发，主张人（人格）的成长源于个人的自我实现。

马斯洛（A. H. Maslow）在《心理学的依据和人的价值》（1968 年）一书中强调，人的教育的完成源于自我压力，“人不是被浇铸、塑造般的教育使然的，环境只是允许或帮助人使其潜能现实化，而不是实现环境自身的潜能”。在他们看来，外在的环境是“阳光、食物、水”，个体才是种子，教育应当围绕教育个体展开，除此以外，并不能在内容上增加什么。

罗杰斯（C. R. Rogers）在《自由学习》（1969 年）一书中进一步探讨了“人本式”的教学方法，即“以学生为中心”，认为能够将学习者的行为、态度、情感、个性等个体性因素融合其中的学习才是有意义的。对于教学，他给出的指导是“非指导的”教学模式，认为促进学生学习的关键不是教师的教学技巧，而在于特定的心理氛围，包括真实与真诚、尊重与接纳、移情与理解等。

与其他 3 类学说相比，人本主义学说具有显著不同，它并不在意于给予教育教学以实质性的操作方法，而是转而反思教育所面对的对象之独特——将处于研究视野下的、被俯视的人，重新放置在应有的高处，因此带有鲜明的批判性，这对教育心理学的研究起到了一个很好的启示和补充作用[17]。

二、现代教育学说

教育心理学自从心理学的母体里脱离出来后，经过 100 多年的发展，已经完全成为一门独立的学科，当代不同学者针对不同教育教学问题的研究形成了丰富的理论成果，呈现出具体化、多元化、多样化的发展趋势[18]。

（一）文化历史发展观

苏联心理学家维果茨基（L. Vygotsky）早在 20 世纪 20 年代就提出了文化—历史发展观，认为人的心理过程是高级心理机能，它体现了人的社会性——是人在与周围人的交往过程中产生和发展起来的，根本受制于人类的文化历史条件。在说明教学与发展的关系时，他还提出了“最近发展区”

理论:以儿童为研究对象,在儿童的认知范围内存在着两个水平——现有水平和预期水平,两者之间的差即最近发展区(或称可能发展区),它代表着学习者的认知潜能,同时也代表着教学的指引方向[19-20]。

(二)认知信息加工论

20世纪五六十年代,计算机科学开始发展起来,关于计算机与人的类比假设成为新的研究主题,信息加工论者将人的思维看作计算机执行程序[21]。德国心理学家奈瑟(U. Neisser)于1967年出版专著《认知心理学》,将认知心理学推向一个新的高度,因此他也被誉为认知心理学之父。他在信息加工论的基础上融合了认知论观点,认为"认知是指转换、简约、加工、贮存、提取和使用感觉输入的所有过程"。认知信息加工论的一个重要术语是"建构"——认知过程即建构过程。这个过程包括两个方面:基本过程是受外在事件或内部经验刺激而直接产生的,相当于信息转换、贮存;二级过程是在有意识的控制下进行的,经过复杂的运算,建构为对应的观念和映象。

(三)认知发展阶段观

瑞士心理学家皮亚杰(J. Piaget)在对儿童心理学的研究中,提出了认知发展的阶段性理论,他观察到人(儿童)在认知过程中涉及图式、同化、顺应和平衡等环节,其中,"图式"是核心概念,它是先存的结构或组织形式,当主体遇到新事物时,总是试图用原有图式去同化该事物,如果成功,就能获得暂时的认识上的平衡,反之,主体就会做出顺应,调整原有图式以获得新的平衡[22]。根据图式形成的渐进性过程,他将儿童认知发展过程划分为若干阶段,这种阶段性的认知理念对成人或高等教育同样也有启发意义。

(四)建构主义学习观

建构主义学习理论形成于20世纪80年代以后,主要综合了皮亚杰的"自我建构"理论、维果茨基的"社会建构"理论,同时也吸收了奈瑟、布鲁纳等人的思想,其代表人物有柯尔伯格、斯腾伯格、卡茨等。在建构主义者看来,客体是主体根据自己的知识和经验建构起来的对象,而学习就是通过这种建构对客体进行解释。知识不是统一的结论,而是个体化的有意义的建构,由于主体所具有的建构材料是有分别的,所以不宜设定统一的目标和背景来指导主体，学生是主导者，教师是辅助者[23]。

（五）后现代主义教育观

后现代主义是20世纪后半叶在西方社会所流行的一种哲学思潮，它源于对工业文明负面效应的反思，在各大领域中产生了较大的冲击，它通过揭露教育中的形而上学和认识论中的脆弱性，在根本上触动现代教育学的研究基础。后现代主义植根于德里达(J. Derrida)的“解构”概念，崇尚质疑、批判精神，通过对教育文化差异化消解、对教育神圣性的质疑以及对教育中心论的摈弃，转而探寻新的教育方式和研究范式。吉鲁(H. A. Giroux)创立了边界教育学，认为教育的目的是造就具有批判能力的社会公民，要使他们从所谓的优势文化的绝对解释中解放出来，肯定自身的个人经验及其代表的特殊文化。麦克拉伦(P. McLaren)剖析了知识与权力的关系，认为教育之为教育的先决条件在于自我即社会权力的获得，因此教育最重要的目标是促进学生对社会的认知和了解，以建立协调的社会责任感。包尔斯(C. A. Bowers)认为，现代文明对人类的生活、生存环境造成了破坏性的甚至是毁灭性的消极影响，这源于人们对科学技术的滥用，因此要加强生态意识教育，以摆脱传统教育的固化统治，实现人与自然和谐相处之目的[24]。现代女性主义教育学家马丁(J. R. Martin)从女性视角出发，着眼于个体内在平和与社会外在平衡，提倡教育多元化，主张应着眼于社会的完整性和公平性，加强对弱势群体、次要群体及少数族裔的教育权益的重视，以促进个体、家庭、社会三者之间的平衡发展。

通过对以上教育理论的分析可以看到，这些教育学或学习论往往是通过类比而得到的结果。然而人类是复杂的，人类的思维活动、学习行为、教育过程更是多变的，将其类比为某个或某类事物必然会导致自身的局限。这种类比式的研究范式既是它们的优势，也是它们的弊端。如果将认知主体视作小圆，将认知客体视作大圆，它们之间所存在的关系可以划分为4类(图2-6)，即客体—主体化(联结主义)、主体—客体化(认知主义)、主体—中介化(联结—认知主义)、主体—中心化(人本主义)，分别对应着四大学派，而所列举的当代五大学说也只是在这个基础上的补充、完善抑或扬弃。它们都是从主体及其相对的客体出发而得出研究结论，而忽略了对教学的最基本、最核心的内容——课程的研究。

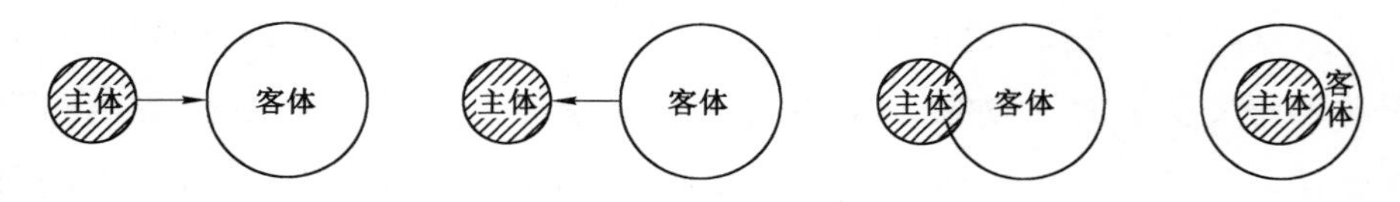

图 2-6　教育学对主体与客体的理解

三、当代教育观念

当代教育所面临的时代主题是——教育的信息化应对与发展。教育的信息化是教育现代化的应有之意，它就是在教育过程中充分利用先进技术(硬件、软件)的辅助作用来组织学习活动，调整教学要素与结构，重组教学模式，变革教学管理与评价方法，不断提升“人—机”协同素养[25]。现代信息技术革命为教育的发展创造了新环境、新机遇、新条件，同时也为教育的变革提出了新要求、新任务、新挑战[25]。

教育的信息化是一种被迫的信息化——它并非源自教育领域，也非天然地适用于教育。在信息化的进程中，受到了现有教育的旧框架的限制，使两者发生了前所未有的大碰撞，激发出一系列现实问题，比如教学资源分散化、课程内容碎片化、主体客体割裂化、学习效果浅表化等。当然，这些问题只是海面上泛起的几朵浪花，无法阻挡信息化浪潮的到来。从根源上讲，这些问题并非新技术之罪，而是旧理念之过，因为教育理念总是滞后于教育实践，新的教育实践也必然会催生出新的教育理念。

(一) 远程教育观

计算机网络技术带来了远程教育，使教育的远距离作用成为可能。远程教育形式为教育学提出了一个新问题——学习者能否脱离教育者而学习？两者应扮演什么角色才能促成有效地继而高效地达成既定教学效果？

1971 年，美国威斯康星大学魏德迈(C. A. Wedemeyer)教授提出了独立学习理论，他认为学习者可以接受教师指导但不依赖他们，学习者能够自己承担学习任务并完成相应的学习任务。独立学习是一种师生分离式的教与学的安排形式，其意义在于它能够使校园内的学生从不适当的学习进度和模式中解放出来，也能为校园外的学习者提供继续学习的机会，从而促进所有学生发展自主学习的能力[26]。从本质上讲，学习是一种个体化的行为——要真正通过其内在起作用，必然要经过从"有师"到"无师"的过程。独立学习理论源自对传统教育的批判——认为传统教育已经不能满足社会发展的新要求，独立学习也就意味着学习者可以自由选择受教育的方式[27]。独立学习不是刻意割裂师生之间的互动，而是要创造一种新的"联结与对话"方式。为此，他构建了新的教学系统，包括 4 个基本要素：教师、学生、通信系统(或通信模式)、教学内容(学习内容)(图 2-7)。即使对于传统教学而言，它也由这些要素构成，所不同的是其"通信方式"不是网络，而是面对面的口头交流或文字交流。

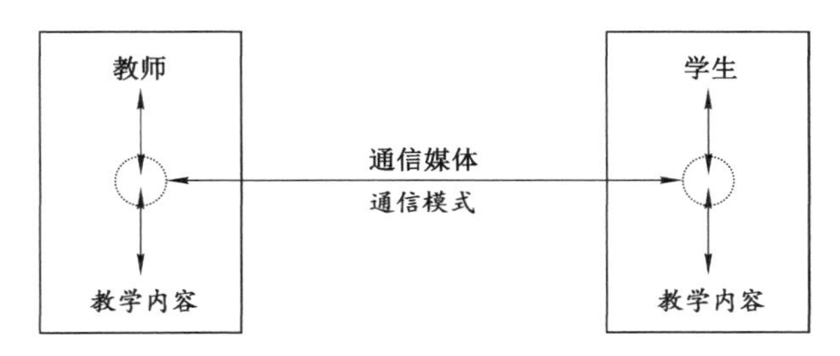

图 2-7 远程教学的基本模式

1980 年，基更(D. Keegan)博士在澳大利亚《远程教育》杂志创刊号上发表了《远程教育定义的限定》一文，提出远程教育的 6 个要素，把"教师与学生分离"作为第一要素——它将远程教育与常规的、口头讲授的、群体学习为基础的教育区分开来[28]。1983 年，基更给出一个精简的定义：所谓远程教育，就是"在整个学习期间，学生和教师处于准分离状态"的一种学习形式。这里所说的"准分离"是指用信息媒介的连接补偿物理时空上的分离[29]。在远程教育中，交流也是双向进行的：一方面，学生可以被动地从交流中获益；另一方面，他们也能够主动进行沟通[30]。

为什么要实施远程教育？德国教育学家、哈根远程教育大学校长彼得斯(O. Peters)认为，远程教育与传统教育在结构上截然不同，它是工业化生产和工业化教育的发展结果。他把远程教育看作一种传授知识、技能和态度的方法——它建立在劳动分工与组织的基础上，利用媒体技术复制高质量教学材料，从而能在同一时间对大量的、处在不同地方的学生进行教授与指导。这是一种“教与学”的工业化形式，其特征体现在理性化、分工化、机械化、流水化、量产化、计划化、标准化、垄断化等方面[31]。不过，彼得斯的理论只是对远程教育实践的描述性总结，他从外在方面解释了远程教育的现实基础，但其“教育工业化”或“教育工厂化”的观点仍存在着不小的争议。美国远程教育研究学者佩拉顿(H. Perraton)从教育的内在发展来看，认为传统教育由于需要教师和学生处于同一时间、同一空间条件下，师生比例往往受到限制，阻碍了教育现代化的发展，而远程教育则可以打破这个阻碍，使教育计划、教育对象能够轻易地扩大。因此，它是现代教育发展的结果[32]。

德国教育学家霍姆伯格(B. Holmberg)认为远程教育包括所有层次的学习形式，它与传统教学的最大的不同不是超距离的隔开，而是因为学生与教师并不处于同一教学场所，因而学生不处于教师的连续性监督管理之下，但是他们仍然从教学组织的计划、指导和教诲中受益。同魏德迈的观点一致，他认为在远程教育中最重要的部分就是自主学习。此外，个人关系、学习兴趣、同情心、学生之间的信任以及来自辅导教师和行政人员的支持，对远程学习者而言都非常重要。自主性并不意味着孤立性，学生能够通过“有指导的会谈”实现师生之间的交流。这种交流有两种形式：真实的会谈与模拟的会谈。真实的会谈建立在现实的人际交互上，模拟的会谈则是通过预先制作的学习材料来体现——在学生的学习中内化成一种虚拟的会谈形式。在霍姆伯格看来，会谈应放在教学的核心地位，因为师生间的交流是一种基本任务。同时，他认为书面交流与口头交流在指导学习的过程中并没有本质区别。甚至在20世纪80年代，有人设想研制智慧计算机作为教师的替代品，这为教育的人工智能化带来了可能。关于远程教育的使命，霍姆伯格说，“把教学看作由一个容器传到另一个容器的知识灌输，以及把教学看成为促进学习者的智能发展是两种颇为不同的看法，远程教育工作者已有共识，后一种的解释是较为可取的”。这意味着我们需要协助学生去“学”而不是“教”，这才是教育的关键所在[30]。

1972年，穆尔(M. G. Moore)教授进一步发展了独立学习的学说，提出独立学习的4个核心概念：对话、结构、自主性和交互作用距离，从而将远程教育的研究重心从教育形式转移到教学问题上来。所谓“交互作用距离”，就是师生之间“相互理解和感受的距离”，它并不是物理空间的感知距离。穆尔认为，交互作用距离总是存在着的，甚至在面对面式的课堂中也存在着。交互作用距离取决于结构、对话、自主性3个变量。其中，“结构”变量描述了教学计划对学习者需要做出的反应的程度；“对话”变量反映了教师和学生之间的积极交互的程度，它取决于教师风格、学习者的个性、学科内容以及教学环境（如通信媒介）；“自主性”变量是指学习者在多大程度上决定学习目标、学习精力、学习评价以及根据他们自己的经验建构自己的知识。如何理解这4个要素之间的关系呢？传统教育是一种近距作用，在这种教学环境中，学习者所体验到的自主性偏小；而对于远程教育而言，它具有“结构化高、对话少”的特质，学习者的自主性更大。也就是说，在远程教育中，学习者需要提升学习自主性来达到预期的学习效果。

（二）教育传播观

教育的发生离不开主体、客体和中介，中介是联系主体和客体的中间环节，信息通过中介流动于主体和客体之间。教育传播学是教育学、传播学与信息技术交叉融合的产物。“传播”一词源自英文单词“communication”，含有“交通、交流、沟通、传意”等意思。这个词来自拉丁文“communicare”，本意为“共用、共享”。传播就是人们借助符号、信号等信息媒介传递、接收与反馈信息的活动，比如交换意见、思想、感情等。教育，其实就是一种人类文化传播的特殊表现形式[33]。亚里士多德曾说，“说话的人为了取得不同的效果，要对不同的场合、为不同的听众构思演讲的内容”。尽管那时尚未形成传播学的相关概念，但是依然存在着“传播”活动的朴素意识。

南国农教授认为，传统教育系统主要由4个要素构成，即教育者、受教育者、教育信息、教育媒体[33]。从传播学的角度来看，教育是有特定目的的信息传播过程，在教育传播过程中自始至终伴随着教育者与受教育者的共同参与、交互作用以及教育环境的变换[34]。

教育传播学的相关研究最早可以追溯到20世纪30—50年代，那时仅限于对传播媒体的功能与效能的研究[35]。施拉姆(W. Schramm)按照“现实世界—模拟现实—图画现实—图解符号—词语符号”的理论逻辑，将典型视觉教具由具体到抽象进行分类。戴尔(E. Dale)在这个基础上形成了“经验之塔”理论，在《视听教学法》(1946年)这本书中，将学习经验由上而下分为抽象经验、观察经验和直接经验，并将分属文字符号、词语、画面、身体经验的教学媒体在塔形结构的上下不同高度依次进行排序(图2-8)。该理论的价值在于将学习经验的获取与教学媒体的选择结合起来，通过塔形结构形象地反映出不同学习经验的抽象化程度及相互关系，阐明了不同媒体与材料在教学过程中的实际功效，为教学媒体与材料的实际选择提供了可供借鉴的形象化工具[36]。需要指出的是，这个塔描绘的是一般逻辑过程，而非实际的学习过程，实际教学活动并不一定要按照从塔基到塔顶的顺序进行。处于不同位置的经验类型各有利弊：塔基经验的获取，常常需要调动身体的多种感官，容易直接在学生的主观世界中建构起来，但是耗时、耗力、耗物；抽象性的学习最为经济、便捷、高效，但又可能会造成与直接经验或实际经验的脱离而产生偏差。相比之下，位于中间部分的观察经验则能很好地调和两者之间的矛盾，既避免了过度重视直接经验，又避免了过分强调抽象经验。

本质上，教育信息的传播是一种“人—人”系统的复杂传播过程，“人—机”之间的互动是一种中间的或表面的表现形式。从动态过程来看，教育“信息—媒介”的传播过程是怎样的呢？1948年，美国传播学家拉斯韦尔(H. D. Lasswell)提出了“五要素说”(“5W”模式)，认为信息的传播过程应该包括谁(who)、说了什么(says what)、通过什么渠道(in which channel)、对谁说(to whom)、有什么效果(with what effect)等5个要素，对应于通常所说的传播者、信息、媒介、受传者、效果。在此基础上，不同学者构建了不同模式。

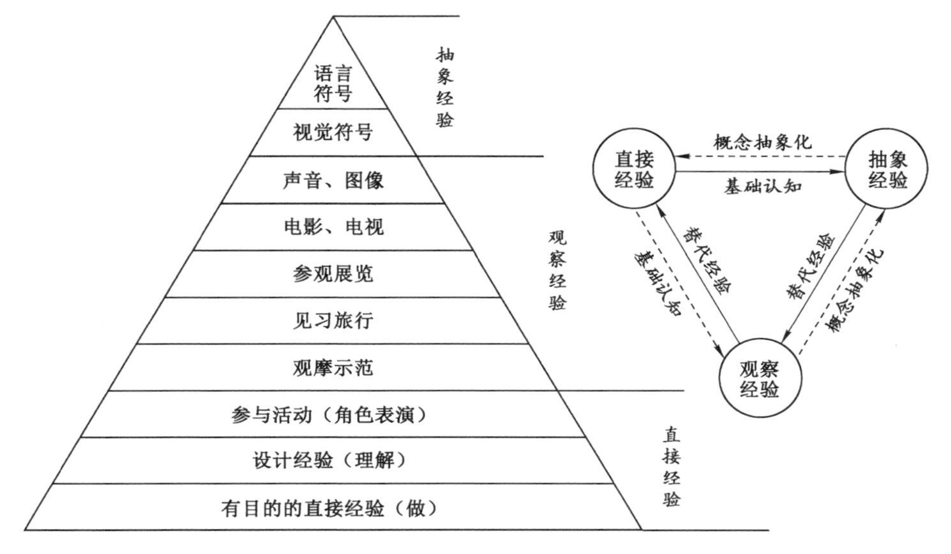

图 2-8 “经验之塔”及其关系模型

第一种，单向式。20 世纪 80 年代，美国传播学科创始人施拉姆和香港中文大学余也鲁共同提出了“施拉姆—余也鲁”教育传播模式，其中：传播者为教师，要依托具有一定技术功能的平台或中心进行新技能的培训；教育信息包括来自各种介质的资源，如传统的黑板、教科书，以及其他广播、电视、网络等，这些信息是“软件”，而媒介工具为“硬件”，两者要融入新技术，并且都应以符合学生需要为前提；受众为学生，应加强对学生受众的研究，关注他们在课堂内外的实践与学习迁移情况[37]。可以看到，这种模式提炼出了信息传播的要素，但是它是一个单向模式，没有表现出传播过程的双向互动的特点。

第二种，三元式。日本教育技术学家坂元昂将教育看作一种工艺或工程，1971 年他在《现代社会的教育技术学》中提出教育技术学，旨在对所有可操作的因素加以分析、组合和控制。这些可操作的因素包括教学信息（教学目标、教学内容）、教学媒介（教材、教具、教学机器）、教育教学方法、教育环境、教师与学生行为、师生编组等方面。他用 3 个圆指代研究对象（图 2-9），分别为远程教学中的教师、学生、教学资料(教材与教具),这三者处于相互联系、相互制约的复杂关系之中[33,38]。在细观层面上,他分析了教育的传播过程,对解释教育传播现象具有较好的指导性。要指出的是,这些研究是从传播学的角度看教育学,或言之,将教育学看作一种信息传播形式,显然这对教育学的关照是不够的。

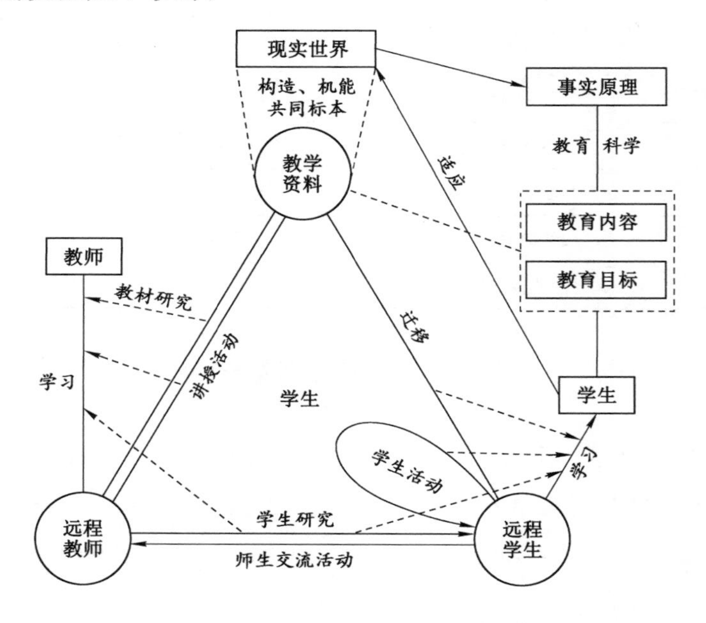

图 2-9　坂元昂教育传播模式[33,38]

第三种,六维式。德国学者海曼(P. Haimann)和弗朗克(H. Frank)提出了一个基于课堂教学系统的六维空间结构模式,包括教学方式(怎样教)、教育目的(为什么教)、社会结构(在什么情况下教)、心理结构(教谁)、教学媒体(用什么教)、教材(教什么)等 6 个方面。这个模式将信息传播理论融入教学体系中,清晰地表明了教学体系的结构与变量,不过这一模式过于简单,未能体现出因素之间的相互联系和因果关系。

中国学者对远程教育传播理论同样也展开了诸多研究。比如,针对远程教育中的即时反馈传播效果的问题,蒋国珍教授于 2007 年在施拉姆模型的基础上提出了"经验之桥"模型。在这个模型中,教师不仅仅是传播者,还是组织者、辅导者、促进者。因此在模型中加入了辅导教师这一角色,将教育信息传播分成了两个部分:主讲教师—学生、辅导教师—学生。其中,辅导教师与学生同步接收信息,能够实现两者的经验重叠;辅导教师与指导教师一样对教学内容十分熟悉,从而实现了两师之间的经验重叠。这就像在传者与受者之间架起了一座桥梁,能更好地克服电视、网络传播过程中的种种障碍,实现有效的教育信息传播[39]。关于传播规模的问题,2009 年胡钦太教授基于"博客"(blog)技术,提出了"面对面"传播模式:一方面,教师能够通过博客将教学内容发布到互联网上,以"面"的形式传播——让众多学习者接收,但是信息获取的主动权在学习者手中,对他们而言,信息的来源是一个立体化的网络,而不是唯一的点;另一方面,学习者在获取这些信息后,经过学习加工,又可以将自己的理解、认识以及新的观点发表出来,从而构成了"面对面"的传播方式。这种模式使"人—人"之间的交互更加充分,使教育技术的力量在教育过程中更加充分地发挥出来[35]。

(三)在线学习观

在线教育(E-Learning)的真正出现是在慕课诞生之后,因为慕课技术带来了新的理念——在线学习理念。慕课(MOOC)即大规模在线开放(Massive Open Online Course),其概念目前学界尚未形成统一界定,这是因为该技术仍在发展和完善中。一般认为,它是一种以开放访问和大规模参与为目的的在线课程,其参与者分布在世界各地,课程资源也分布于网络之中[40]。

慕课是一种真正意义上的在线教育,它不同于传统的电视广播、互联网、辅导专线、函授等远程教育,也不同于一般的网络共享课程(公开课)。在它诸多特征之中,如规模性、开放性、泛在性、瞬时性、重复性、交互性、自主性等,最核心的两个特征是时空泛在性和学习自主性,时空泛在性破除了学习时空的限制,为自主化的学习带来了便利条件[41-42]。在线学习不得不面对一个重要问题——学习自主性所带来的"真在线、假在场"的现象。在线学习所依托的平台是网络——与远程教育类似,它拉开了人与人之间的物理距离,缺少实时监督与情感交流,很容易造成学习效果大打折扣,集中体现为“三低”——低完成率、低效率、低效果。这显然与慕课等在线教育创立的初衷是相悖的。如何解决这些问题？总结起来，主要有两种解决思路。

第一种，社区说。其思路是从群体化的学习行为入手，把学习看作一种社会化的行为，学习效果自然也应在社会化的过程中产生。在线学习实际上已经形成了一种新的学习生态，学习者在网络空间以不同形式组合成特殊的“部落”，有些是自发的，有些是人为控制的。基于这样的思想，加拿大学者加里森(D. R. Garrison)、安德森(T. Anderson)和特阿彻(W. Archer)共同创建了探究学习社区理论模型，认为网络学习社区由3个维度把控，即认知存在感、社会存在感和教学存在感。认知存在感是学习者在网络学习社区中通过探究、反思或对话进行意义构建的程度；社会存在感是学习者在学习环境中与他人交流，对他人的认可程度；教学存在感是由教学主导者发出的，是指为了实现某种教育目的和学习效果，根据学习者的认知过程和社会过程而进行的设计、促进和指导等情况[43-44]。可以看到，探究学习社区理论模型指向的是学习者的学习体验(教育经验)，有意义、有深度的学习则发生在这“三感”的重叠部分。良好的学习体验遵循着8条设计原则：① 持续性，要持续开展有目标、有活力的探究活动；② 反思与对话，要有计划地通过反思与对话培养批判性思维；③ 学习氛围，要创建信任关系，营造开放沟通的学习氛围；④ 凝聚力，要建立学习社区成员间的共同关系，形成社区凝聚力；⑤ 责任，要保持相互尊重并对成员彼此负责；⑥ 计划性，要有计划地设计课程内容、学习方法、学习时间、有效监控和管理批判对话与写作反思活动；⑦ 问题与解决，要维持探究并使其走向问题解决；⑧ 一致性，要保持评价与预期的过程和结果相一致[45-46]。可见，探究学习社区理论看到了网络环境与传统教学环境的区别，它的研究思路是从批判性思维入手，着重于关注学习者的深层思维意识和能力的培养，旨在用有组织的计划性来化解教育中的潜在失控性。

要指出的是，探究学习社区理论的立足点是远程教育，未能针对在线教育的发展现状展开充分研究，比如，“三感”之间如何相互影响、相互促成，以及如何共同发挥作用？尤其对于在线学习环境而言，如何看待个体化的学习？为此，在原理论的基础上，谢伊(H. Shay)提出了第四个要素——学习存在感，用以指代自我效能感和自我管理能力，并指出在缺乏教学存在感和社会存在感时，需要调度学习存在感以弥补"三感"的不足[47]。

第二种，个体说。其思路是从学习者个体出发，将学习看作个体内化的过程，具有代表性的就是自我调节理论。影响个体学习的因素是多方面的，尤其对于网络环境或在线平台，存在着许多不确定性，从外在环境研究，考虑的因素再多也是孤立的。该理论从学习者自身角度出发，能够完整地把握学习过程、学习行为[48]。所谓自我调节，就是学生为完成学习目标，从元认知、认知和行为方面主动从事学习活动的过程[49]。需要指出的是，自我调节理论是从社会认知理论中衍生出来的，两者有着千丝万缕的联系，因此这里所言的"自我调节"也是社会背景下的自我调节。自我调节可以划分为3个基本过程，即自我观察、自我判断和自我反应。自我观察是学生依据学习活动的评判准则觉察自身表现；自我判断是学生依据既定目标评判自身表现与规范之间的差距；自我反应是学生自我评判后内心形成的感受（如满意、自责或焦虑等）[50]。自我调节的过程是什么样的？如何起作用？不同学者给出了相应的模型。

齐默尔曼（B. J. Zimmerman）扩展了班杜拉（A. Bandura）的社会认知模型，将学习看作对任务的执行，认为自我调节包含计划、表现和反思3个阶段[51]。这3个阶段代表着学习者在执行任务时所采取的一般序列，并非所有的学习活动都要遵循这些阶段。宾特里奇（P. R. Pintrich）认为自我调节学习是一个建设性的过程，学习者在此过程中设定目标，尝试监控和调整认知、动机和行为，受其目标和环境的指导与限制，由此将该模型发展为计划与目标设定、监控、控制、反应和反思等4个阶段[52]。博卡尔兹（M. Boekaerts）综合了学习风格理论、元认知和调节风格理论、自我理论3个学派的思想，提出自我调节学习的3层模型，强调学生应具备以有效方式选择、组合和协调认知策略的能力[53]。该模型的最内层是处理模式调节，中间层为学习过程调节，最外层为自我调节。此外，埃夫克利德（A. Efklides）在自我调节过程中加入了情感因素，认为元认知、动机和情感之间存在着相互作用，影响着自我调节的功能[54]；温妮（P. H. Winne）认为自我调节学习是一种随着经验和指导而逐渐变化的能力，用于动态调整一个人参与任务的方式，并从条件、操作、产品、评价和标准等5个维度提出自我调节模型[55]。

李月等中国学者基于本土在线教育实践，提出了一个在线学习自我调节模型(图2-10)，认为在线学习是一个由计划、表现、反思等多阶段行为共同作用的复杂过程，随着系统中各行为之间的相互作用，学习者以此实现对在线过程与结果的控制与调节。其中，计划阶段的行为是推动在线自我调节学习发生的根本因素，在线学习之初，学习者分析学习任务，量身制作学习计划；表现阶段的行为是连接在线自我调节学习进程的核心因素，研究表明，交互活动可以缓解学习者在线学习的孤立感，监控管理也能有效帮助学习者及时、准确地感知自身学习状态，调节并把控自身的学习行为；反思阶段的行为是提升在线自我调节学习成绩的直接因素，学习者通过正确的评价与归因，养成良好的自我反思习惯与能力，并培养后续行为以适应整个学习过程[50]。在线自我调节学习是由多种在线学习行为相互影响的复杂过程，各行为之间的相互影响并不是简单的线性传递，而是存在着穿插影响，反映了在线自我调节学习过程的复杂性。

(四) 移动学习观

随着移动智能终端的迅速发展和广泛应用，人们越来越意识到，移动智能技术与教育教学的深度融合已成为又一条培养学生自主学习能力的便捷途径。在融入移动技术元素的教学生态环境下，教学活动不受时空条件的限制，不仅能够化解线上授课的不可控性，还能够无缝对接线下课堂，改变原有线下课堂“课前学情调研难、课中师生交流互动少、课后缺乏辅导”等不足，为未来自主开放式教学提供了新的路径[56]。

移动教育技术带来了丰富的教学资源，带来了自由化的学习方式，也会潜在地导致知识碎片化。所谓碎片化，意思是指将原本完整的东西破碎成诸多零块。知识的碎片化是指所获取的知识不再以完整、有序、系统的形式呈现，而是以零散、无序甚至不关联的形式进行[57]。知识的碎片化已然成为一种泛化现象，可以从两个方面来理解：① 内容—结构“碎”。在传统教学环境下，课程是建构在学科体系之上的，知识内容是按照学科的逻辑结构整合

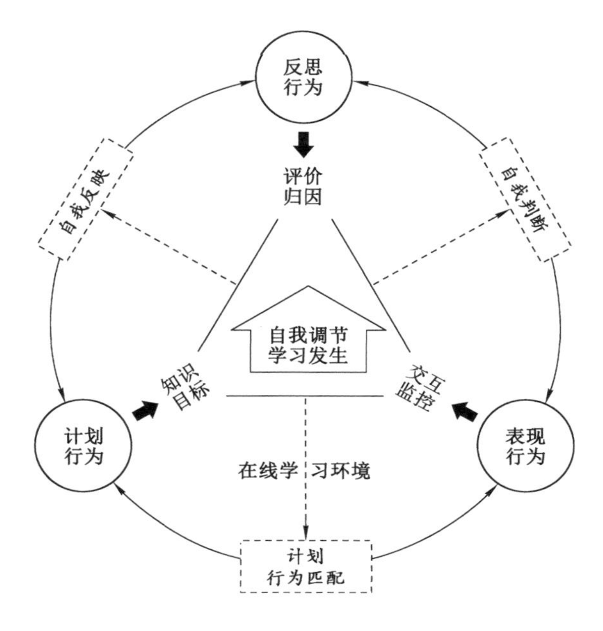

图 2-10　在线学习自我调节模型[50]

起来的，因此具有很强的层次性、系统性、结构性；而网络体系以一种与书本教材完全不同的结构方式构成，呈现为错综复杂的网状结构，且处于动态变化之中[58]，在网络环境下学习如同以管窥天、以蠡测海，所得到的只是一个个碎片，而不是一个完整的体系性的学科知识。② 时间—空间“片”。移动技术在本质上是一种便携式的网络体系，它具有即时性、开放性、共享性，人们可以利用零散的时间，随时随地开展学习活动，这样便将学习过程割裂成若干碎片，造成了碎片化的学习。对于碎片化问题的解决思路，总结起来有 3 种：

第一种，微型说。2004 年，奥地利学习研究专家林德纳（M. Linder）提出了“微学习”（microlearning）的概念，将其表述为一种存在于新媒介生活系统中，基于微型内容和微型媒介的新型学习。在移动网络环境下的学习就是这种微学习，它具有移动性、微型性、泛在性、交互性、个性化、社会性等方面的特征[59]。其中，微型性是它的核心特征，表现在：① 微内容，把学习内容分割成最适合零碎实践学习、不易受外界干扰的微小学习组块。从媒介形式来看，学习内容可以是文本、图像、音频、视频、动画，甚至是一个链接；从来源来看，可以是新闻、短信、邮件、博文、词条等。微内容是具有一定的天然逻辑边界或学科边界的，这有助于从根源上消除知识的人为割裂感。② 微时间，即学习时间短。人们能够充分利用日常生活中的片段时间来开展学习活动，强调在有限的时间内学习相对短小的、松散连接的知识内容或模块。③ 微设备，即移动学习所采用的便携性工具。

第二种，移动说。美国的麦克奎根(S. McQuiggan)等人提出了移动学习的概念，认为移动学习与移动设备(如笔记本、手机、平板电脑)并无太大关联，它指的是最新教育技术演化出来的新观念——通过即时的、随心所欲地访问个性化的网络世界而实现随时、随地学习的一种学习观[60]。实际上，与任何一种教学技术和方法一样，移动教学也不是万能的，它需要与既有课程结合起来才能“利其利、避其弊”。正如教学专家赫德赛克(T. Hudacek)所说，移动学习使“整个班级的学生可以作为一个整体想出问题是什么，这使得课堂中出现了许多个受教时刻”。根据菲利普·贝尔等人所提出的“非正式学习论”，学习者大部分时间处于非正式学习环境中，且在校园中的正式学习时间会随着学习年龄和学习阶段的增加而减少(图 2-11)[61]。积极、有效的移动学习能使学习从正式学习环境向非正式学习环境扩展，增加了学习机会，扩大了学习的持久度和广泛度。

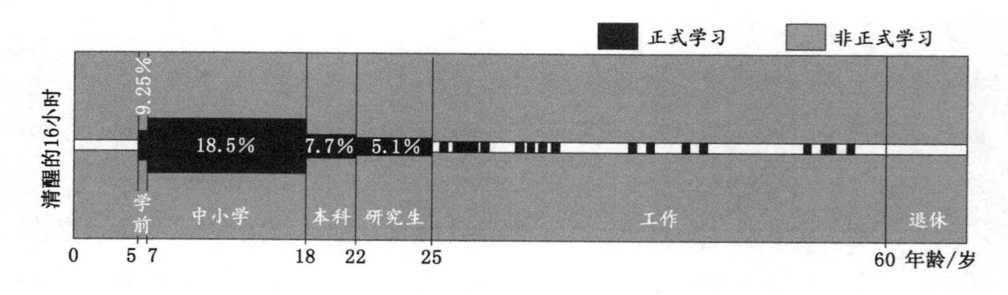

图 2-11　正式学习与非正式学习[61]

第三种，综合说。无论是整体的，还是碎片的，都是获取知识的一种形式，关键在于如何将获取的知识重新整合、联系起来，从而内化为学习者的知识体系。王竹立教授认为，在网络时代对知识碎片进行加工、整理、建构的最好策略，就是采用“零存整取”式的学习策略[57]。这就像在银行进行储蓄，一块块的“学习”，就像一点点积攒，后学的知识与前学的知识不断发生联系、组合，从而实现化零为整的目标。基于此，他提出了“零存整取”式学习的3个阶段，即积件、改写、重构，如此循环往复、螺旋上升。需要指出的是，这3个阶段是在个体内完成的，学习者的社会化过程还需要通过社会性的互动交流来实现。

技术是理念的基础，理念是技术的先导。从教育学的发展历程来看，它们从混沌中走来，慢慢变得清晰起来。每一次教育技术的进步，都会刷新我们对教育的认识——这就像描绘一幅巨大画卷的过程，慢慢呈现出更多的细节，越来越清晰，也越来越逼近本质。它们又像左右脚的关系，相伴而行，但非齐头并进，有时理念的脚步快一些，有时技术的脚步快一些，因而不断产生新问题，这些矛盾性的存在就是教育学的发展动力。如今，教育学已经发展到信息化、数字化、智能化的阶段，对创新人才培养提出了更高要求，教育者、受教育者、教务管理者、教育研究者都应在适应中成长和改进。教育技术的发展对教育学的冲击不仅仅是传播方式的改变，也对课堂教育乃至整个教育带来了深刻的认知变化，比如师生观、知识观、课程观、专业观、学习观、教学观、教育观，等等，都在发生着前所未有的变化。

参考文献

[1] 石岩. 高等教育心理学[M]. 太原：山西人民出版社，2007.
[2] 刘宝存. 洪堡大学理念述评[J]. 清华大学教育研究，2002(1)：63-69.
[3] 朱国仁. 西方高等教育的传播与中国近代高等教育的形成[J]. 高等教育研究，1997(4)：79-85.
[4] 叶赋桂. 高等教育现代化：在历史与未来之间：新中国高等教育70年的理解与想象[J]. 北京教育(高教)，2019(10)：5-8.
[5] 帕克，安科蒂尔，哈斯. 当代课程规划(第八版)[M]. 孙德芳，译. 北京：中国人民大学出版社，2010.

[6] 彼得斯.教育即启发[M].广州:广东高等教育出版社,2002.
[7] 陈桂生.教育学究竟是怎么一回事:略议教育学的基本概念[J].教育学报,2018,14(1):3-12.
[8] 张晓明,陈建文.高等教育心理学[M].北京:高等教育出版社,2008.
[9] 胡永萍.桑代克教育心理学思想述评[J].江西教育学院学报,1997,18(5):56-58.
[10] 楼培敏.认知・认知学派・认知心理学[J].上海社会科学院学术季刊,1985(3):113-119.
[11] 宋尚桂.试析托尔曼的"中介变量"[J].济南大学学报,1993(1):93-96,68.
[12] 颜世元.中间变量:现代认识论研究的一个新课题[J].山东社会科学,1991(2):66-71.
[13] 万星辰.加涅的信息加工理论与教学实践简述[J].教书育人(高教论坛),2015(6):74-75.
[14] 唐琴.加涅的学习结果分类理论在大学教学上的体现[J].教育现代化,2019,6(5):150-152.
[15] 黄书光.实用主义教育思想在中国的传播与再创造[J].高等师范教育研究,2000,12(5):1-11.
[16] 刘梦."教育即生活"与"生活即教育":杜威与陶行知生活教育思想比较[J].教育实践与研究(B),2011(11):4-7.
[17] 单中惠.杜威的反思性思维与教学理论浅析[J].清华大学教育研究,2002(1):55-62.
[18] 李菁.浅谈当代教育心理学研究的多元取向及发展趋势[J].教育现代化,2018,5(37):184-185.
[19] 王颖.维果茨基最近发展区理论及其应用研究[J].山东社会科学,2013(12):180-183.
[20] 高文.维果茨基心理发展理论与社会建构主义[J].外国教育资料,1999(4):10-14.

[21] 王庭照,张凤琴,方俊明.现代认知心理学的应用认知转向[J].陕西师范大学学报(哲学社会科学版),2007,36(4):124-128.

[22] 刘长城,张向东.皮亚杰儿童认知发展理论及对当代教育的启示[J].当代教育科学,2003(1):45-46.

[23] 赵红军.建构主义学习理论述评[J].中国冶金教育,2014(6):8-10.

[24] 陈建华.后现代主义教育思想评析[J].外国教育研究,1998(2):1-6.

[25] 徐美琴.教育信息化助推教育现代化的实现:评《教育信息化概论》[J].教育理论与实践,2023,43(6):2.

[26] WEDEMEYER C A. The international encyclopedia of higher education vol. 5:independent study[M]. San Francisco:Jossey-Bass Publishers,1997.

[27] 罗琳霞,丁新.查尔斯·魏德迈远程教育理论与实践研究[J].中国电化教育,2005(3):39-43.

[28] 刘幸,李盛聪.基更远程教育思想溯源[J].中国成人教育,2008(3):109-110.

[29] 胡思文.从准永久性分离到零距离压缩:浅谈现代远程开放教育中教师角色的转换[J].内蒙古电大学刊,2003(2):58-59.

[30] 霍姆伯格,陈垄,张伟远.远程教育理论模式的探讨[J].中国远程教育,2004(3):31-36.

[31] 黎军.网络教育概论[M].北京:清华大学出版社,2011.

[32] 张秀梅.远程教育学基本理论综述[J].电化教育研究,2006(4):31-34,42.

[33] 南国农,李运林.教育传播学[M].2版.北京:高等教育出版社,2005.

[34] 杨葳蕤.浅谈教育传播过程中的互动特征[J].现代远距离教育,1995(1):28-30.

[35] 胡钦太.信息时代的教育传播:范式迁移与理论透析[M].北京:科学出版社,2009.

[36] 费建光,陈伟,朱钰.经验之塔理论下多媒体学习通道的演进规律[J].中国教育技术装备,2022(20):10-14.

[37] 吴真华.技术赋能下中小学线上线下融合教育(OMO)教学效果提升策

略研究:基于施拉姆—余也鲁教育传播模式视角[J]. 教师教育论坛,2023,36(2):88-90.

[38] 孙立会,逯行. 坂元昂先生与中国教育技术学[J]. 现代教育技术,2014,24(7):35-41.

[39] 蒋国珍. 有效的远程教学传播:过程、模式与原理[J]. 中国电化教育,2007(3):36-40.

[40] 于永昌,刘宇,王冠乔. 大数据时代的教育[M]. 北京:北京师范大学出版社,2015:93.

[41] 王怡云. 基于慕课视角下大学英语混合教学模式的构建路径探索[J]. 校园英语,2021(22):85-86.

[42] 赵轩. 互联网+时代的教育变革与思考[M]. 北京:北京理工大学出版社,2019.

[43] GARRISON D R, ANDERSON T, ARCHER W. Critical thinking, cognitive presence, and computer conferencing in distance education [J]. American journal of distance education,2001,15(1):7-23.

[44] ANDERSON T,ROURKE L,ALBERTA E,et al. Assessing teaching presence in a computer conferencing context [J]. Journal of asynchronous learning network,2001,5(25):页码不详.

[45] 杨洁,白雪梅,马红亮. 探究社区研究述评与展望[J]. 电化教育研究,2016,37(7):50-57.

[46] 兰国帅. 21 世纪在线学习:理论、实践与研究的框架[M]. 北京:中国社会科学出版社,2019.

[47] 兰国帅. 探究社区理论模型:在线学习和混合学习研究范式[J]. 开放教育研究,2018,24(1):29-40.

[48] 邓国民,周楠芳. 国际自我调节学习研究知识图谱:起源、现状和未来趋势[J]. 中国远程教育,2018(7):33-42,60.

[49] ZIMMERMAN B J. A social cognitive view of self-regulated academic learning[J]. Journal of educational psychology,1989,81(3):329-339.

[50] 李月,姜强,赵蔚. 数字化时代在线学习行为结构及其作用机理研究:自我调节理论视角[J]. 现代远距离教育,2023(1):61-70.

[51] ZIMMERMAN B J. Attaining self-regulation:a social cognitive perspective [C]//BOEKAERTS M,PINTRICH P R,ZEIDNER M. Handbook of self-regulation. Salt Lake City:Academic Press,2000:13-39.

[52] PINTRICH P R. The role of goal orientation in self-regulated learning [M]//BOEKAERTS M,PINTRICH P R,ZEIDNER M. Handbook of self-regulation. Salt Lake City:Academic Press,2000:451-502.

[53] BOEKAERTS M. Self-regulated learning: where we are today[J]. International journal of educational research,1999,31(6):445-457.

[54] EFKLIDES A. Interactions of metacognition with motivation and affect in self-regulated learning: the MASRL model [J]. Educational psychologist,2011,46(1):6-25.

[55] WINNE P H. Inherent details in self-regulated learning[J]. Educational psychologist,1995,30(4):173-187.

[56] 宦婧,石亮. 基于移动教学平台的成果导向型教学模式构建[J]. 中国现代教育装备,2023(1):10-12.

[57] 王竹立. 新建构主义:网络时代的学习理论[J]. 远程教育杂志,2011,29(2):11-18.

[58] 李璐,云年奉. 当代学习理论十三讲[M]. 北京:中国商业出版社,2016.

[59] 吴军其,李智. 移动微学习的理论与实践[M]. 北京:北京大学出版社,2015.

[60] MCQUIGGAN S,KOSTURKO L,MCQUIGGAN J,等. 移动学习:引爆互联网学习的革命[M]. 王权,肖静,王正林,译. 北京:电子工业出版社,2016.

[61] 贝尔,列文斯坦,绍斯,等. 非正式环境下的科学学习:人、场所与活动[M]. 赵健,王茹,译. 北京:科学普及出版社,2015.

第三章　地质学的教学规律

在心理学中有一个著名定律——锤子定律:“如果你只有一把锤子,那么所有东西都看起来像钉子”[1]。这句话除了有告诫的意味外,还无意中揭示了人与人的“衍生物”之间的关系——人所使用的工具、所研究的对象、所教授和学习的内容其实也潜在影响着人的主观世界。在地质学的教学和研究中,也常用到一把“锤子”——地质锤,同样的道理,它不仅规定了自己的外形和功能,还蕴含了使用上的方法和理念。追根溯源,地质类专业课程所研究的客体最终指向的是大地——整体的或部分的地球,比如某一圈层或某一地质体,它(们)具有空间上的宏大性、时间上的漫长性以及作用方式上的复杂性,决定了以此为基础建立的课程的分化性、间接性和综合性[2]。从学科到教学,地质学吸纳了教育学的思想;从教学到教育,在地质学中也能透射出专业教育的一般规律。

一、自然教学法

地质教学中的第一条规律就是自然法则,表现在对自然的崇尚、遵从和效法的思想上。地质学讲授的内容是以自然为对象的,即岩土介质及其构成的地貌单元或地质体,所有的课程内容都是从“大地”衍生出来的,并撷取其中的一部分。比如普通地质学,它的内容包括了地球基本知识、矿物与岩石、内动力地质作用、外动力地质作用、地质年代、行星地质、地球形成与生物演化、人类社会与地质环境,等等[3]。由于讲授对象带有自然性,讲授过程也须遵循地球的客体性质,比如按照分圈层、分区域、分块段的方式进行讲授。在地质学的讲授中，注重对自然现象(地质现象)的分析。所谓地质现象，就是地质体运动、变化所产生的规律性表现，比如滑坡、泥石流、岩崩、岩溶、地震等，对它们的分析就要回归到自然存在的状态。另外，自然性也意味着客观性，自然客体尤其是地质客体具有唯一性、不可复制性的特点，在实验室中所取得的研究结论，也必须放归到自然中进行检验。

在中国传统教育思想中，许多教育先哲就非常倡导“以自然为法”的理念，比如，老子在《道德经》中说“人法地，地法天，天法道，道法自然”，勾勒出了一个完整的向自然学习的基本轮廓：人的认识从脚下这片大地开始，进而扩充到更大的空间，再上升为抽象理论，其根本在自然。地质学的研究对象是地球——它是构成自然的主要部分，地质学家都是从地质现象入手研究地质学理论的。在他们的教学工作中，也把“自然”带到课堂上去，或者把课堂带到自然中去，这就是自然教学理念的体现。

地质学的自然法与西方教育学中的自然主义是不同的。在西方教育学中，自然主义是归于主体“自然”的教育理念，而不是“自然”客体。自然主义要求“重视学生的自然本性、天生的能力和原始驱动力”[4-5]。不过，该理念至今仍具有一定的现实意义，它纠正了主观的规范可能对人的天性造成的教育偏差，它在教学方式上倡导的是消极的方式，即遵从学生的天性，不强迫、不灌输，以防止造成对学习环境的干扰。实际上，“消极”和“积极”都是教育常用的方式，两者需要保持在一定的、合理的范围。自然主义应当将视野放在更广阔的地方，人也是自然的一部分，真正的自然性是由研究客体产生的，它的根源并不在“主体自然”(以学生为中心生成的自然)那里，而应在“客体自然”那里。

自然教学法可以概括为 3 条原则：教在自然、学在自然、自然就是课堂。在地质学中，自然客体是研究对象，它是构建课程的基石；在教学过程中，既要遵循自然的规律，也要遵循人的认知——学习规律。举例来说，在地质学的课堂上，教师拿出一块化石标本来讲解知识内容，就会使课程一下子变得生动起来。为什么？化石就是一块石头，石头并没有表达，但是通过教师的讲、学生的听，由此构成了一个学习情境，赋予了这块石头丰富的“自然性”。

自然性是自然客体自身所带有的信息，以及研究主体所赋予的附加的或延伸的信息——可以理解为针对自然的特点与规律所形成的条理化陈述。可见，地质教育的过程，就是自然性向主体性互动与转化的过程（图 3-1）。从地质教育观看来，教育就是使人从自然中分化出来，再融通进去的过程。

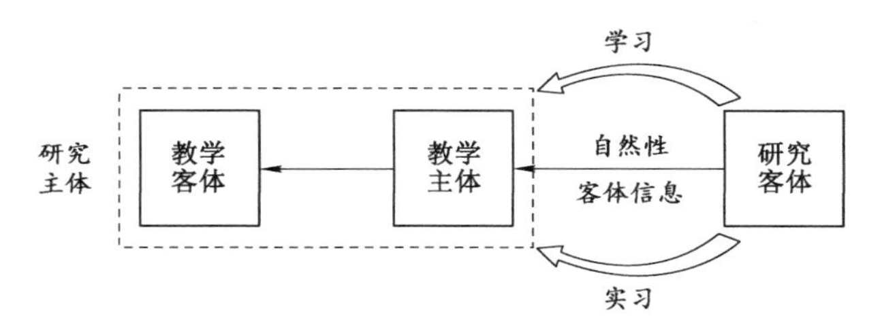

图 3-1　自然教学法

二、宏微教学法

宏观—微观教学法（简称“宏微教学法”）的主旨是：以宏观为导向，先宏观再微观，由微观到宏观。该方法在实际操作上可划分为 3 个步骤（图 3-2）：第一步，从宏观上认识对象，这种认识是一种初步性的认识，有必要忽略掉大量次要的信息，使学习者对研究对象形成一个概略的整体认识；第二步，从宏观到微观，将宏观对象拆解为部分单元，对各个单元进行分析，使学习者对研究对象的成分、组成、结构等方面形成细节上的认识，以求深刻化；第三步，在宏观上重建研究对象，这是一个拼合过程，将上一步拆解下来的部分按照一定的联系构建为一个整体，这个步骤是整合认识。要说明的是，最后一步的“宏观”与第一步的“宏观”两者是不同的，第一步的宏观是“客观宏观”，第三步的宏观是“主观宏观”，两者可能并不完全等同，这也说明了在宏观与微观之间存在着反复的情况，直至两者相合或接近相合。

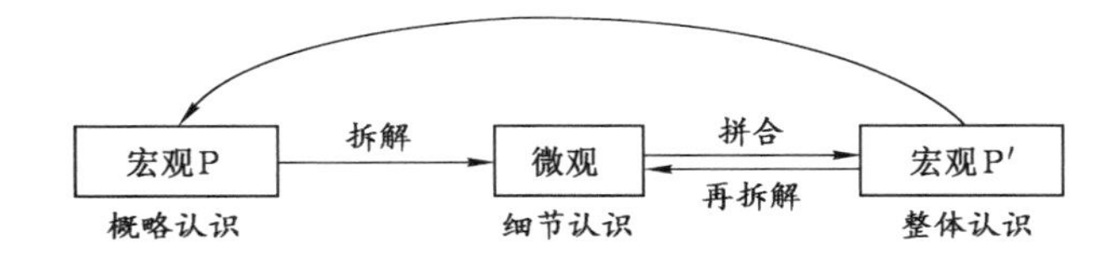

图 3-2　宏观—微观教学法

宏微教学法来自野外地质实习中的一条重要原则，由于地质学的研究对象通常在规模上非常大，比如一座山，想要了解研究对象的状况，就要遵循“宏观—微观—宏观”的思路。首先要远眺，观察山体概貌，比如形态、规模，以及宏观现象、区域情况等，要知道“山外有山”；然后，走近山体，对其作具体观察，比如地层结构、岩性特征，甚至取样到实验室作微观观察，这些都要一步步地进行，要做到“脚下有山”；最后，再回到宏观，将研究结果与地质背景联系起来，从而领悟到“心中有山”。

在地质教学中，宏微教学法是在自觉条件下形成的一种教学法。这种方法对其他专业同样具有借鉴意义。因为宏观与微观是一对辩证关系，在世界上是普遍存在的。宏观是指自然、社会和思维现象中具有隶属关系的大领域、长过程、高层次以及整体全局性的存在状态；相对宏观而言，微观是指上述现象和关系中的小领域、短过程、低层次以及个体局部性的存在状态。宏观范畴揭示了对象的宏观特性，亦即事物的存在规模的恢宏性、活动范围的广阔性、发展过程的漫长性，以及要素构成的多样性和复杂性，等等；微观范畴则揭示了对象的微观特性，亦即事物的存在规模的细微性、活动范围的狭窄性、发展过程的短暂性，以及要素构成的单一性和简单性，等等[6]。宏观与微观是相对的，其根本原因在于世界是分层的，在各个层次上具有尺度边界，它们不仅存在于理工学科，也存在于人文社会学科，比如社会意识与个体意识、宏观经济与微观经济，它们就是宏观与微观的关系。就科学研究而言，宏观、微观何者为先？这是很难确定的。因为两者的关系是相对的、动态的、变化的，如一块石头相对于山体而言是微观的，但是相对于其内部的矿物颗粒而言则又是宏观的。但就教学而言，“从宏观到微观、由微观到宏观”的原则遵循了教育学中“由易到难、由难到易”的认知—学习规律，因而能够指导一般教学活动。

三、经验教学法

与其他理工类学科相比，地质学有一个显著的特征，即经验性。地质学并不像数学、物理、化学等学科那样，它并不是建立在严格的数理基础之上的。即便有些课程看起来似乎具有数理气质，比如岩石力学、土力学、地下水动力学等，那也是发展到后来一定分支阶段而被外在赋予的，它的根基仍是经验性的。正因如此，有人怀疑地质学的科学性。要回答这个问题，涉及如何定义科学，也涉及学科如何成为科学的问题。前文提到，地质学的研究对象在时空尺度上是异常巨大的，而人们对地质学的要求又要尽可能至广、至精、至快（相对于漫长地质年代而言），更何况地质体的复杂程度远超过任何人造材料，哪怕一块土，也已经经历了几百万年甚至几亿年各种内、外地质作用的塑造过程。因此，地质学的研究者不仅对研究结果的掌控是无法做到精准的，甚至对研究对象的把握都不可能是确定的。

正因如此，构成地质学的概念和理论具有定性性、相对性、模糊性、猜测性、假说性等特点。比如，教科书中对“地层”的定义是：在一定地质时期内所形成的层状岩石[3]。这个定义其实只概括地描述了地层的状态，既没有揭示其本质，也没有明确区分地层的标志是什么，是厚度，还是颜色，抑或是其他岩性？这是因为在自然界中，地层的层界是具有隐蔽性的，它需要地质研究者根据地层的差异做出经验性的推断[7]。这样的定义在地质学中比比皆是，其实这种模糊化的定义并非率意而为，而是因为地质学的现象在描述上本来就很难精确化，比如高山与低山、薄层与厚层、浅部与深部，还有板块、断裂、断层、褶皱、挤压等概念，都很难作精确的界定。所以，地质学中的概念可以看作正在发展着的概念，只能在具体实践中靠经验才能确定下来。

与其他专业教学不同的是，“经验”在其他学科中可能会被当作批判的对象，并要求竭力避免，而在地质教学中，经验是一种常态。经验教学法就是以经验性习得为基础，注重培养学生的经验能力，形成对课程内容的正确认知。其基本思路是：从地质现象出发，经过概念化处理，形成准概念；准概念经过理论化阶段，上升为假说（图 3-3）。假说是有待验证（长期、大量的验证）的理论。要形成对这些概念与理论的正确把握，则必须使它们与研究对象形成对应关系，而这种对应只能靠经验才能习得。要说明的是，获知性学习是线性的，而经验性学习是复杂的、多环节对应的、互动的过程。

经验教学法对其他专业教学也有一定的启发意义，它表明了真理都是相对的、有条件的，假说是科学的长期存在状态。在教学过程中，要注意培养学生理解与批判、质疑与验证的能力，从而更好地激发学生的探索动力。

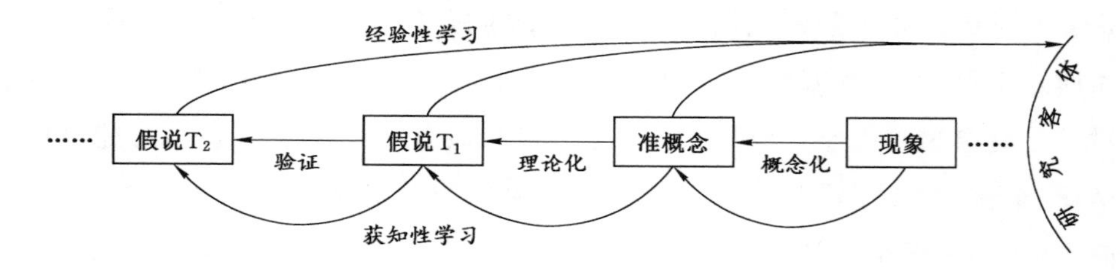

图 3-3 经验教学法

四、模型教学法

在地质教学中，围绕模型讲解地质知识是另一种常见方式，比如圈层模型、构造模型、边坡模型、地震模型、地貌模型等。可以说，地质学的教学体系正是建立在各种相关模型基础之上的。模型就是地质知识的核心。地质模型与其他学科模型的不同之处在于它的实体性，它是以地质实体（客体）为基础，并由诸多元素构建在一起的模型，包括地质构造、地质单元、地质过程等[8]。部分模型兼有数理性的特点，比如边坡滑动模型，它是一种抽象出来的模型，但也是建立在实体模型的基础上的。

因此，在地质教学中就应围绕模型组织讲解体系。持建构主义理念的研究者认为，传递在学生主观世界中的模型是建构起来的，类似在平地建起高楼的过程，每增一砖，每修一层，都是在统一的模型设计下完成的。实际上，教学应该像自然力量（内、外地质作用）营造一座山的过程一样，既有增加也有减损。在学习中，对模型的建构与解析是共存、互动的，即，在解析中建构，在建构中解析。这是因为建构的目的并不在于完成一个特定模型，而是要在构建中认识模型——认识模型的整体、构件以及各构件之间的关系。所以，建构与解析都是认识的手段。

在教学过程中暗含着 3 个“建构—解析”的互动过程（图 3-4）。第一个“互动”发生在课程设计中，将研究客体概化为一般模型。一般模型具有代表性、基础性、综合性的特点，通常是在广泛的实体调查与研究（如地质实体）的基础上概化而来。第二个“互动”发生在一般模型的内化过程中，学习就是把模型的部件拆解开来，并加以分析。通过这样的方式，使学生认识到构成模型的构件及其关联关系，通过自己的构建在主观世界中将模型“重构”出来。第三个“互动”发生在从一般模型到复杂模型的迁移过程中，复杂模型是更贴近具体、贴近实体的一种模型，学生通过知识的扩展、联系、迁移，完成认知上的质的飞跃。“建构—解析”的过程既是双向的，也是反复的、互融的。解析是为了更好地构建，只有在解析中，才能加深对模型的认知。以滑坡模型为例，它的基本要素是滑坡体、滑床和滑动面。在讲授时，这 3 个要素是作为一个整体展示给学生的，但在学生的理解过程中，则是以拆解的方式尝试去理解每一个构件的含义，并用自我的理解结果尝试去构建模型，直至与预定的模型相符。

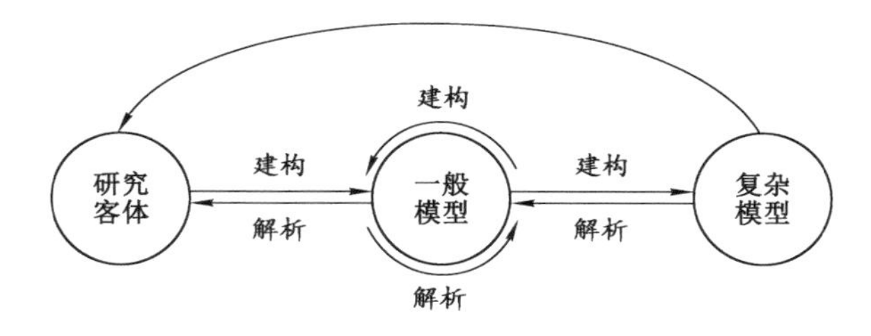

图 3-4 模型教学法

模型教学法体现了在教学中建构与解析的辩证关系，将单向的建构过程，转化为双向的“建构—解析”过程，从而避免了教学中的主观性和强制性。学生最初对模型的认知几乎是从零开始的(可能具有一定的知识背景)，所以在教学过程中，要有意强调解析的重要性。教师与学生所谓的互动，其实不是在个体间的“人—人”交流中实现的，而是在模型的构建与解析中实现的。这就给教学指明了方向，明确了所应采取的教学理念与方式。

五、整合教学法

复杂性现在已几乎成为各学科的“标配”了。随着研究的深入，学科探索必然会从理想条件走向复杂条件。复杂性理论兴起于 20 世纪 80 年代，与其说它是描述事物的研究方法，倒不如说它是认识事物的思维方法。

什么是复杂性？关于复杂性的定义本身就是个复杂问题。一般认为，

“复杂性是系统由于内在元素非线性交互作用而产生的行为无序性的外在表现”[9]。它有多种表现形式，比如非线性、多元性、随机性、模糊性、混沌性、动态性、突现性，等等。复杂性之所谓复杂，不是因为客体本身是复杂的，因为客体无所谓复杂和简单，也不是人为制造的复杂，它是主体对客体认知深化的必然结果——是客体所蕴含的属性与主体的研究水平差异化相较所造成的。如果把地球看作一个“点”，它就是简单的；如果把一块石头看作一个体系，它也是复杂的。

地质学的复杂性源自地质系统的复杂性[10]。地质系统是自然界中一种开放的、远离平衡态的、相互作用的、具有巨大耗散动力的异常复杂的系统。从这一点来说，地质学的教学、学习和研究的难点，就在于如何看待和处理地质系统（包括地质结构、地质作用）的复杂性。复杂性方法论的精髓就是把复杂性当作复杂性来处理，而不是简单化地处理。整合教学法就是以复杂性理论为基础，化简为复，化繁为合，通过教学使学生在复杂的知识点中建立新的联结秩序。

学习就像一个收拾快递包裹的过程：教师发送知识，就如同发送包裹；学生接收知识，就如同接收包裹。在教师那里，知识体系是清晰的、连续的、有组织的，那是在教师的头脑中按照教学原则形成的。从学生角度来看，学生接收知识，是断续的、波动的、弱组织性的，这就需要一个过程——整合过程，由学生独立完成，或者由教师辅助完成。整合过程分为 4 个步骤（图 3-5）：第一步，析出元素，就是从一个系统中将若干知识单元分离出去，这一步骤在教学设计中完成。好的教学设计，就是要“让思维看得见”，使学生看得到系统与元素之间的关系[11]。第二步，渗入概念。从元素到概念，这是一个学习的过程。学生通过教师的讲授或自主学习，在主观世界中增加新知识，这是一个被动学习的过程。第三步，分辨知识。学生将新获取的知识与已学知识、知识背景进行对比，加深对概念的理解，使知识发生迁移与活化，这是一个初步的积极学习阶段。第四步，整合体系。学生按照一定的标准，结合先存的知识背景，将松散的知识点整合为一个新的知识体系。这一过程非常重要，它标志着学生主动学习的最终完成。要指出的是，该环节是一个反复的过程，整合和反思是不断反复的，反思方法包括对比、思考、讨论、评价等。在专业教学中，教学任务通常是由若干门课程组成的组合(课程组)共同完成的，知识点分散在各门课程中，对这些知识的学习、理解与把握，则需要在"整合"作用下才能得以实现。所谓学习中的"领悟力"，其实就是这种潜在整合能力在起作用。这种教学理念意在提醒执教者：不仅要教知识内容，还要教给学生处理知识的方法，即整合知识的一般规则和技巧。

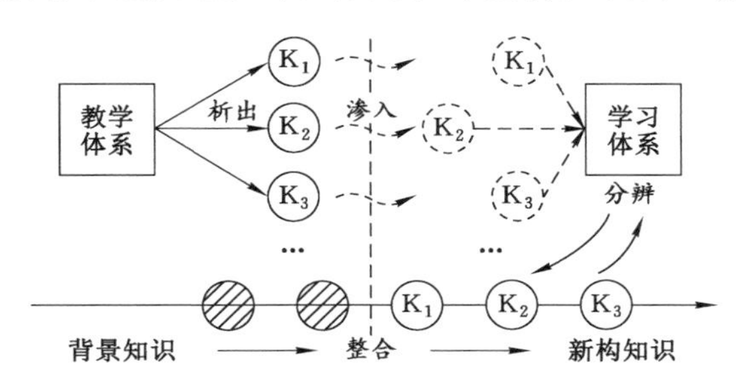

图 3-5　整合教学法

可见，从地质教育的观点来看，在教学中要处理好 5 对关系：自然与人为、宏观与微观、获知与经验、建构与解析、析出与整合。什么是好的教学法？好的教学法没有绝对，只有辩证。那就是：在人为中依据着自然，在微观中照应着宏观，在获知中并行着经验，在建构中渗透着解析，在析出中促进着整合。

参考文献

[1] 马斯洛. 科学心理学[M]. 马良诚，等译. 西安：陕西师范大学出版社，2010.

[2] 徐继山. 地质学中的真伪之辨[D]. 西安：长安大学，2009.

[3] 舒良树. 普通地质学：彩色版[M]. 3 版. 北京：地质出版社，2010.

[4] 方宝. 教育研究中的科学主义范式与自然主义范式辨析[J]. 江苏高教，2016(4)：9-14.

[5] 刘黎明.论西方自然主义教育思想的当代价值[J].中国人民大学教育学刊,2012(3):137-154.

[6] 天角.宏微范畴浅议[J].内蒙古民族师院学报(哲学社会科学·汉文版),1990(2):45-48,59.

[7] 庄寿强.关于年代地层界线问题的探讨[J].中国矿业学院学报,1987(2):56-65.

[8] 郭俊葳.构造地质模型知识图谱构建及表征方法研究[D].成都:电子科技大学,2022.

[9] 宋学锋.复杂性、复杂系统与复杂性科学[J].中国科学基金,2003(5):262-269.

[10] 於崇文.地质系统的复杂性:地质科学的基本问题(Ⅰ)[J].地球科学——中国地质大学学报,2002,27(5):509-519.

[11] 赵国庆,张丹慧,陈钱钱.知识整合教学理论解读:将碎片化知识转化为连贯性想法:访学习科学国际著名专家马西娅·C.林教授[J].现代远程教育研究,2018(1):3-14,30.

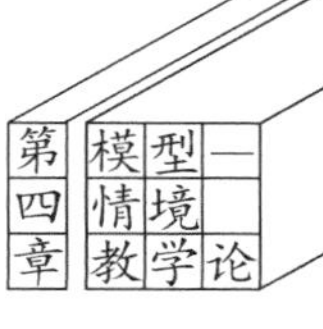

第四章　模型—情境教学论

环境在教育中起着重要的作用，积极的环境能够促进人，而消极的环境则会压抑人。苏联教育心理学家维果茨基(L. Vygotsky)指出，学生、教师和环境是教育过程中不可分割的三要素[1]。但是，长久以来，教育研究者本能地将环境作为一种教学发生的外在场所，并未将其正式纳入教学的内在活动的研究中来。1989 年，布朗(J. S. Brown)、柯林斯(A. Collins)、杜盖德(P. Duguid)等人共同发表研究论文《情境认知与文化》，用"情境"指代"环境"在教学中的投射，认为学校中的情境化活动在获得知识方面非常重要，并强调了学习与认知的情境本质[2]。

1991 年，美国加利福尼亚大学莱夫(J. Lave)教授和独立研究学者温格(E. Wenger)正式提出了"情境学习"(Situated Learning)理论[3]。该理论具有广泛而深刻的基础，从认知科学、人类学、生态心理学、社会学等相关学科研究，超越了传统的心理学的情境观，进而成为当前学习理论研究领域的前沿与主流[4-5]。在教学实践上，它已经成为一种能够指导"有意义的学习"模式并促进课堂向真实生活情境转换的重要理论依据，在不同阶段[基础教育(学前教育、初等教育、中等教育)、高等教育、职业教育]、不同类型(在线教育、传统教育)的课程教学中都得到了很好的应用[6]。

不过，情境学习理论尚处于初级发展阶段，还有许多问题有待研究，比如情境的构建、投射与迁移等基本问题[7]。情境，不应当只是校园之境、社会之境，它还有更深刻的理论内涵，还应该包括学科之境、课程之境、知识之境。本书结合地质教学实践，从模型的构建与解析的视角解答情境学习理论中的若干问题，即形成了模型—情境教学论。

一、情境认知理论

（一）情境的内涵

什么是“情境”？这是情境认知—学习理论的核心。情境英文为“situate”，相应的，情境认知、情境学习为“situated cognition”“situated learning”。根据《韦伯斯特词典》的解释，情境是指“与某一事件相关的整个情景、背景或环境”，这与中文语境极为相似。从定义中可以看到，情境的概念包含3个要点：对象、环境以及两者之间的关联。需要指出的是，情境并非完全等于客观存在，因为客观存在与人的主观意志无关，而情境是在人的认知活动中而产生的。所以，“情”是人感之情状，而“境”是物存之境域。

情境是由一定界域围限而成的，它所围绕的核心是什么？应当是人，是人的认知活动，还是人所具备的知识？不同学者提出了不同看法。德莫特（M. Dermot）认为，“情境并不是一个人所强加的事物，而是人作为其中一部分的行为状态”[8]。显然，他认为人是引发情境的根源。威尔逊（B. G. Wilson）和迈尔斯（K. M. Myers）认为，情境认知是不同于信息加工理论的另一种学习理论，在信息加工活动的境域之外，还存在着文化的或物理的更广阔的背景。情境理论产生的目的，正是要纠正信息加工理论完全依靠信息描述规则对认知进行僵硬解释的缺点[9]。诺曼（D. A. Norman）由此认为，人的认知活动不能与这个世界分割开来，如果这样做，就如同灵魂离开了躯壳，知识也仅仅是人造的，失去了真实性和确切感[10]。在教学中，不能只见情境不见人，也不能只见人而不见情境，真正起作用的是人与情境之间的互动。可见，在这些学者的观念中，认知活动是情境研究的核心。

还有一些研究者将情境视为学习或教学的环境，认为情境学说的理论重心在于从人转向环境——在情境中研究人及其认知—学习活动，所谓“情境学习”就是情境下的学习与行动。克兰西（W. J. Clancey）在其论文《情境学习指南》中认为，情境学习不仅仅是一种使教学必须情境化，接受与情境密切相关的建议，而且是有关人类知识本质的一种理论[11]。在他看来，知识是具有情境性的,知识是基于社会情境的一种活动,而不是一个抽象的对象;知识是个体与环境交互作用过程中建构的一种交互状态,而不是具体事实;知识是一种人类协调一系列行为去适应动态变化发展的环境的能力[8]。

莱夫和温格认为学习中的个体是以“实践共同体”的形式存在的——它是一个由诸多个体组成的集合,这些个体长时间地共享共同确定的理念,并追求共同的事业。共同体并不一定作为整体出现,但是他们一定有一个明确界定身份的小组或者其他形式的社会界限。这也就意味着他们以系统的形式参与活动,他们在干什么,就意味着在这个共同体系统中干什么,参与者有着共同的理解[9]。情境认知理论无疑扩大了认知主体,使其从孤立的个体扩大到联系的共同体,它们共同作用于外在客观世界,使之成为情境。知识就像由主体指向客体的箭矢,它在情境中产生,它的大小左右着情境的界域,具有扩张性的特点。可见,在情境的各元素中,个体和共同体共同组成了认识的主体,外在客观世界是客体,知识是本体,而情境则是主体化了的部分客体(可称之为“介体”)(图 4-1)。

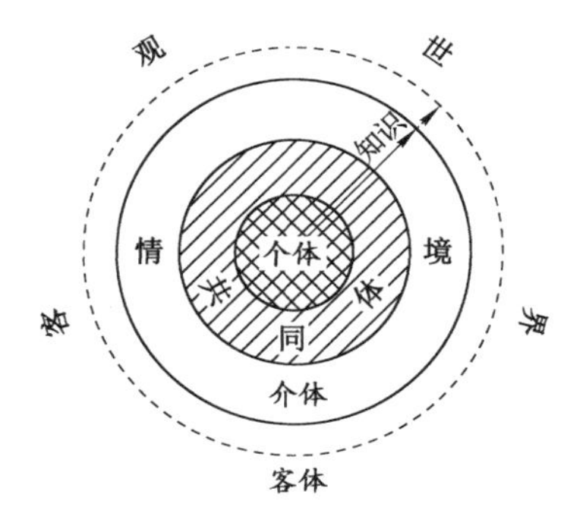

图 4-1　情境的内涵

（二）情境的特性

情境认知理论在很多方面丰富、发展了建构主义,甚至可以说它是在建构主义的基础上建构起来的。建构主义关注个体,情境理论立足情境,从而扩大了研究的视野,为有效学习从相对孤立的教室走向真实的世界创造了条件。从认知到学习,需要建构一定的情境才能促成学习。情境蕴含着 3 个方面的特性,即场域化、真实感、交互性。

1. 场域化

在教育心理学中,基于情境认知与学习的教学模式(简称“情境教学模式”)的最终目标是使知识和学习的结果能在课堂、学校之外的真实生活情境中运用,并使其在各种真实情境中迁移,进而运用学校中获得的知识解决现实世界中的真实而复杂的问题。因此,这一类教学模式的实施,不仅需要教学的场所与空间,而且还要有丰富的“情境供应”。在各种教学模式中,丰富的情境可以是物理的、真实的,也可以是功能性的、虚拟的……丰富的情境供应不仅能反映知识在真实生活中的应用方式,还能为学习者提供反映不同观点的信息源,能够合成既不分散也不过于简化的情境场,进而使情境教学模式具有有效性。丰富的“情境供应”也不是无原则的,实践表明,情境并不是越多越好,只有有意义的情境供应,才是教学过程中的“必需品”。一般说来,学习过程中的情境不仅应与现实情境相类似——具有复杂性、开放性或仿真性,还要与现实中的问题解决过程相类似,这样才能支撑学生的自主探索式学习。

从个体到情境,也就是使学习主体场域化,从而建构起以学习者为中心的学习环境。以学习者为中心的学习环境是情境教学模式的核心特征与基本要求。它表明,无论在哪一类基于情境认知与学习的教学模式中,学习者已有的经验和知识背景都会成为有意义学习的主要基础,学习者应积极进行意义的自我建构,并始终处于学习环境的中心地位。因此,以学习者为中心的学习环境的创设成为基于情境认知与学习的教学模式实施的主要任务。20 世纪 90 年代以来,基于对传统教学的批判,使以学习者为中心的学习环境研究不断深入,基于问题式的、项目式的、探究式的、开放式的教学环境研究的兴起也充分表明了这一点。

2. 真实感

在情境教学模式中,学生所参与的活动与任务必须是真实的或与真实世界关联的。真实的活动是与学生现实生活密切相关的,是开放式的,属于结构不良领域的学习活动。研究表明,学生在结构不良领域中学习远比在

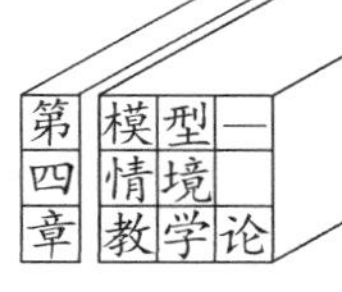

一般惯例状态下的学习效果要好得多。活动与任务的真实程度越高，学生对单项复杂任务的调查研究就越深入，而这远远强于学生在同一时间内关注一系列的活动与任务的完成情况。在基于情境认知与学习的教学模式研究中，教师常常为学生创造机会去完成活动与任务，让学生自己生成问题、识别问题、发现问题进而解决问题。真实的活动与任务的完成，一般要求学生进行一段时间的持续调查与研究，这样才能为学生提供从无关信息中识别、发现有意义信息的机会。这反映出真实情境的最本质特征——复杂性和结构不良性。

情境的真实感还需要真实的问题来驱动，丰富的“情境供应”是情境教学模式的首要条件。基于问题的学习是指在学习过程中设置复杂的、有意义的问题，让学习者在情境中通过合作主动建构与问题相关的知识，掌握解决各种问题的技能，形成自主学习的能力。建构性学习则强调学习是学习者运用已有的经验，以自己的方式主动建构内部心理表征的过程。建构性学习扬弃了传统学习中对知识的表面、机械、孤立的理解，促进了学生对高级知识的获取，使学生形成对知识的深刻理解，进而为“学习—迁移”创造条件。在基于问题的学习中，学生所获得的知识不是浮浅和片面的，学生在解决问题的过程中深化了对知识的理解。可见，问题解决有可能使学习者更主动、更广泛、更深入地激活自己的原有经验，理解当前的问题情境，通过积极的分析、推论生成新的理解和假设。这些观念的合理性和有效性又在情境中得以检验，其结果可能是对原有知识的丰富与充实，也可能是对原有知识的调整与重构[12]。可见，基于问题的学习和建构性学习本身就是相伴共生的，两者在不同程度上的深化、整合，构成了情境教学模式特征的表现形式。

3. 交互性

情境教学模式是从知识的认知层面来考虑的，同时也强调了情境认知与学习的社会中介特征。在情境认知与学习理论看来，知识是基于社会情境的一种活动，是个体与环境互动过程中建构的交互状态，是人类协调一系列行为去适应动态变化的环境的能力。显然，对学习者而言，知识的获取不是被动的接受，而是要通过主动扮演不同的“角色”才能产出的。因此，在教学的实施中，必须给学生提供扮演多重角色的机会，使学生之间进行多重合作，以产生不同观点；当然，也可以给学生提供机会，使其以放松的状态沉浸于学习环境，从而产出多重观点。另外，情境的社会中介特征也充分显示了多重角色与多重观点的意义。学生在学习过程中，只有在扮演多重角色、充分考虑多重观点的基础上，从来自各种传媒源的多重观点群中，选取最好的问题解决方案，进而通过深入的探究、互动与协商，形成使每一个学习者与参与者共创、共享的学习情境。

合作是学习者为完成学习任务而采取的个体之间的配合方式，它是情境教学模式的另一特征。从外在来说，学习是在学习共同体中的学习，在共同体中，学生与教师、专家、同伴以及其他成员（社会成员）等展开不同层次的互动与合作，给学习者提供了丰富的信息源泉。由于共同体的目标是一致的，共同体成员能为一个共同的目标而学习和工作，在这个过程中，能够训练互相理解、支持、帮助的能力，并建立起对他人、组群的责任心、包容性、移情力、道德感，从而提高团队合作效能，降低个体间因隔阂而产生的消极影响。从内在来说，合作学习也能积极促进个体的认知发展，合作环境对学习者个体的内在素质产生影响，能够训练学习者的思维力，增强学习者学业上的成就感，进而塑造学习者终身学习的能力。

合作学习并不是简单地聚在一起学习，而是要朝向学业或社会目标并始终不断地努力。在合作性学习中应该注意如下几点：① 合作与独立，教学生如何一起积极地合作并保持自己的独立性；② 责任，确保每个学生懂得自己是如何进步的，不要忘记自己对合作学习的责任；③ 普适性，合作学习具有普适性，要与所有学生一起合作学习，没有哪一类学生不能进行合作性学习；④ 创设合作性的班级和学校，合作性学习不是一种权宜之计，而应渗透于学习、生活和工作的各个场域中。

学习者与学习环境的交互表现为两种形式：一种是内容交互，即学习者与信息内容的交互。面对以一定媒体形式呈现的信息，学习者联系自己的先前知识图式，形成对当前信息的理解，同时当前的新信息又会导致原有知

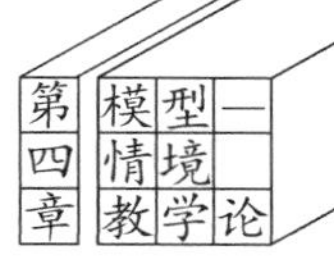

识的重组或调整。另一种是人员交互,即学习者与其他人(教师、辅导者、同伴等)之间的社会性互动,这种交互不是与信息媒体本身的交互,而是与信息发出者交互。学习者与信息内容的交互是在学习者个体上进行的,它促成了个体性知识建构活动,而社会性互动则是在学习者与他人之间进行的,它促成了社会性知识建构[13]。

在情境教学模式中,教师在不同的教学环节中所扮演的角色是不同的。教师应成为学生学习的监控者、指导者、促进者和帮助者,按照学生特点来建立概念框架,以促进学生从情境的边缘走到核心区域。

(三)情境的类型

情境是围绕一定的中心(学习主体或客体)而促成的环境的、空间的外在状态。从学习者的角度来看,情境有多种类型,如自然情境、生活情境、社会情境、校园情境、课堂情境、课程情境、学科情境、行业情境,等等。以下从4个方面作重点分析。

1. 自然情境

自然情境就是基于客观存在而创设的情境,比如野外地质实习场地,它是依托具有特定地质特征(比如区域地层、地质特征等)和教学功能的场地建立起来的实习教学区域,是专业人才综合素质和实践能力培养的重要平台,发挥着联系理论知识与实际生产的纽带作用[14-15]。自然情境并不仅仅是把教学场所由室内转移到了室外,它的情境性体现在4个“实”上:① 实物,教学内容由抽象的或间接的内容转变为可视、可感的实在物;② 实教,教学方法由单一、虚拟的讲授转变为真实、多元的指导;③ 实学,学生的学习行为在一种实实在在的融入状态下进行;④ 实情,学生与教师的互动也在一种真实的关系中发生。比利时教育学家罗日叶(X. Roegiers)将情境形态分成两大类:建构的情境和自然的情境,并认为教学情境“只有在建构中才有意义”[16]。自然的情境同样需要建构,建构的优劣影响着情境教学效果的好坏,良好的自然情境应当形神兼备、寓情寓理、致思致意[17]。

2. 社会情境

社会情境是另一个重要的情境类型,许多学者将其作为重点研究对象[3]。大部分研究者认为,知识是学习者与社会情境之间联系的属性以及互动的产物,而学习就发生于学习者参与社会情境的过程之中。要指出的是,心理学视域下的情境认知理论关注学习者对知识的获取,情境只是一种创设的背景性工具;在人类学视域下的情境学习理论看来,更重要的不是学习者与知识之间的关系,而是学习者与“人”的关系——这个“人”并非是指个人,而是指社会群体。因而,学习就是学习者逐渐地从边缘到充分参与社会群体(实践共同体)的过程,知识的获得是这个过程中的一种自然而然的事情。

3. 实践情境

情境学习理论是一种典型的实践性的理论,它强调“主动行动者与世界之间的相互依赖关系”,这需要借助于实践才能从中获取知识与意义,从而完成认知学习活动[3]。情境学习理论强调社会性和实践性,其社会性即体现在学习者与学习共同体的互动关系中,而实践性则体现在学习者所参与的以及整个共同体所致力于完成的活动或任务中。学习、思考和行动是学习者参与或融入世界(主要指社会世界)的主要方式,这三者都指向实践,也都属于实践方式——学习与思考是个体化的实践,行动是主体对客体的实践。

4. 文化情境

情境学习理论还认为,学习是一个从最初的边缘参与逐渐走向充分参与实践共同体的过程。那么,如何确认一个学习者在真正意义上成了共同体中的一名成员呢?一般来说,学习者“转正”的判断标志有许多,比如,从新手到熟手的角色转变来判断,依据学习者在共同体中发挥的作用来判断,依据学习者所从事的实践活动和任务的数量来判断,等等。不过,这些都是外在表现,确认一名学习者真正进入实践共同体的最核心的依据是:学习者是否习得了共同体的文化,是否获得了共同体的文化认同。也就是说,情境学习理论指向的社会情境,其本质是一种文化情境。学习者只有获得了这一社会情境的文化认可,才在真正意义上进入了实践共同体之中,有效的、有意义的学习才可能真正发生。由此可以推断:具有文化性的社会情境才

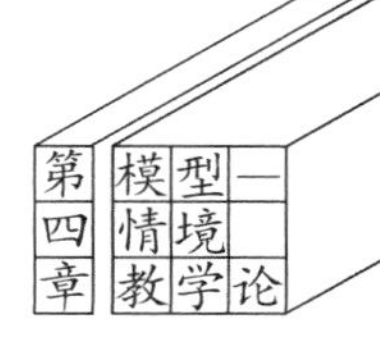

能在真正意义上促进学习。

二、模型教学理论

模型教学理论形成于20世纪90年代，用以解决传统“讲授—示范”教学法中的知识割裂性、学习被动性、认知固化性等问题。借助模型能够将课程知识、课程元素、教学环节等内容构建成一个有机的体系，有助于在各类专业课程的教学中进行直观讲解。地质学的研究对象具有多因素、多尺度、宏观性、漫长性等复杂性特征，因此，在地质教学中运用较多的模型，比如形态模型、结构模型、演化模型、成因模型、工程模型，等等[18]。这些模型是如何构成的？它们在认知情境中处于什么地位？它们在教学活动中如何发挥作用？要回答这些问题，需要从模型的视角重新认识情境学习理论。

（一）模型的概念

“模型”(model)一词来自拉丁文“modulus”，意思是尺度、样本、标准[19]。巧合的是，中文的“模”字也有类似的发音和含义。关于模型的概念，国内外已有许多表述，总结起来有3种：第一，模型即框架。美国《国家科学教育标准》将“模型”定义为“与真实物体、单一事件或一类事物相对应的而且具有解释力的试探性体系或结构”[20]。这种定义将模型看作一种能与客观事物或过程相对应的概念性的框架结构。第二，模型即表征。《美国科学教育框架》提出一种论述：模型是一个有解释或预测功能的系统的任何表示。德瑞尔和瓦尔克进一步概括：模型是研究的目标事物的一种呈现方式[21-22]。这种定义将模型看作表征客观事物或过程的一种方式。第三，模型即认知。朱正威、赵占良站在认识论的视角，认为模型是“人们为了某种特定目的而对认识对象所作的一种简化的概括性的描述”，国内许多学者也将模型视为科学研究的方法[23]。

其实，模型的概念是宽泛的，它可以分成诸多类型，可以描摹客观存在的物理世界，也可以概化主观逻辑结构。在教育教学语境下，所谓模型，就是按照学科的或专业的认知原则，将零散的知识构件通过提取、概化、联系等步骤建构成有机体系的过程，其表现形式有图像、文字、数字符号、公式等。从功能和构建过程来看，模型又可以划分为元模型、低阶模型和高阶模型(图 4-2)。元模型发生在科学研究领域,它反映的是客观世界的本质或本性,比如地球的圈层结构模型、岩土介质的概念性结构模型,或者其他具有原理性质的本构方程。它具有基础性、唯一性和稳定性,是认知活动与教学活动的基础,且不会随着教学形式的变化而变化。由元模型进入教学区间,遵循着两个建构路径:其一为低阶模型,用以表征客体的存在状态或现象,是一种描摹模型,比如地质体的平面、剖面形态,地质体的宏观、微观结构,地质现象的演变模式等;其二为高阶模型,用以揭示客体内部结构或客体之间的关系,是一种抽象模型。

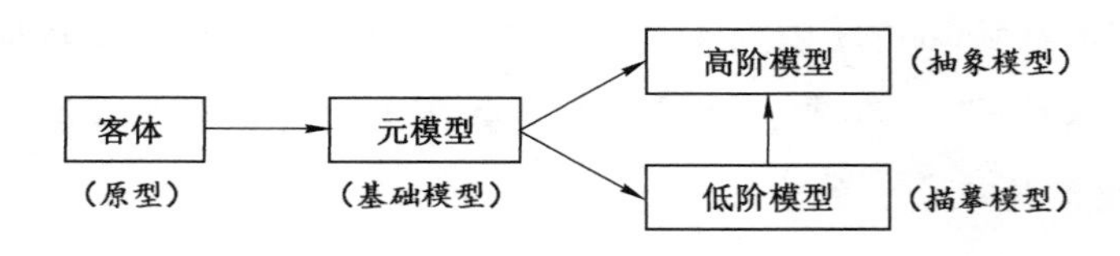

图 4-2　模型的功能划分

从本质上讲,认识就是在主体与客体之间建立联系,就像一面镜子一样映照事物。其联系性体现在两个过程上:第一个过程是客体特征化,即主体通过观察、测量、试验等手段探知客体,将客体抽象为若干特征,它们是随机的、零散的、未成体系的,通过这一过程实现了客体到主观世界的转化;第二个过程是客体模型化,在前一个过程——客体特征化的基础上,根据这些零散的特征及特定的逻辑规则建构成模型。以地球圈层结构为例(图 4-3),在勘探资料的基础上,将其特征概括为:① 地球是球状的(C_1);② 它具有分层结构,可划分为 3 个主圈层(C_2);③ 这 3 个圈层分别为地壳、地幔、地核(C_3)。可根据这些特征构建地球圈层结构模型。对地球特征的描述越多、越详尽,这个模型的结构也越精细,越接近真实的客体。需要指出的是,教学活动是建立在认知活动的基础上的,两者是同向的、互动的,科学化的认知必然建筑在模型化的基础之上,因此教学的研究与实践也应将模型作为依托。

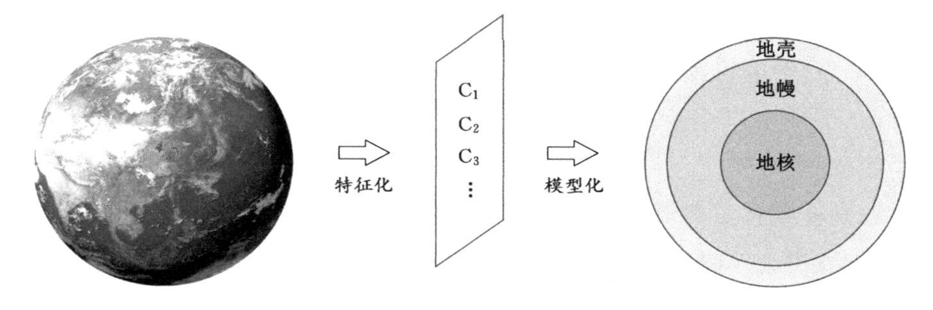

图 4-3 地质模型的构建过程

（C_1、C_2、C_3是对客体特征的描绘或陈述）

（二）模型的类型

在教学中，模型教学法是一种常用的教学方式。理工类专业课程以数理知识为基础，知识点杂多，且侧重于抽象理解，比如医学、机械工程、地质工程等，合理利用该方法能够将教学内容转化为有形、有序、有机的模型，增强知识的结构性、生动性，使学生快速感知认知客体、建立知识结构，从而提高教学效果[24]。在地质学中存在着大量的模型，比如地貌模型、构造模型、平面模型、剖面模型、三维模型、内部模型、宏观模型、微观模型、演化模型、成因模型、工程模型、力学模型，等等。同样的，在人文—社会学科中也有许多模型。甚至可以说，"无课不用模，无模不成课"。教学模型多种多样，依其形式可划分为 4 种类型，分别是实体模型、数学模型、图像模型和思维模型[25-26]。

1．实体模型

实体模型也称物理模型，它是以物理实在的形式建构出来的模型，旨在表现原型的物理形态、结构和现象特征，又可分为实物模型、相似模型和类比模型。实物模型是直接将规模不大的原型实体或大型原型实体的一部分作为原型样品的一种模型，比如机械构件、岩石或土的样品，以及其他实物或仿制物。相似模型是根据相似性理论制造的按原系统比例缩小或放大的实物，如飞机模型、建筑模型、地貌模型等。类比模型是一类较为特殊的物理模型，它通过将某类原型类比为另一类原型或模型，以实现其结构和功能的转移模拟，例如，将地球类比为鸭蛋，将岩土材料类比为光弹性材料（玻璃、赛璐珞、酚醛树脂），等等。它的理念是用比较简单、常见、直观的模型比拟复杂、不易见、非直观的模型。

2. 数学模型

数学模型在各类学科和专业中具有相当重要的地位，从 20 世纪 80 年代开始，它就作为一门重要的课程被纳入高校课程体系中。所谓数学模型，就是用数学语言描述的一类模型。它可以是一个或一组代数方程、微分方程、差分方程、积分方程或统计学方程，也可以是它们的某种适当的组合，通过这些方程定量地或定性地描述系统各变量之间的关联关系。除利用方程描述的数学模型外，还有利用其他数学工具，如代数、几何、拓扑、数理逻辑等描述的模型[27]。需要指出的是，数学模型描述的是某个对象或系统的行为和特征，而不是系统的实际结构。这是因为数学模型是围绕一定目的，在一定假设条件下利用一定的数学工具（理论的、方法的、软件的）所得到的一类数学形式[28]，比如，岩土力学和工程地质学中的土体有效应力原理、岩石强度理论、地基承载力理论、边坡稳定理论等基本公式。

3. 图像模型

在教学的历史进程中，文本长期占据着相当大的比重——通过文字传递知识与思想。在传统教学中，由于技术所限，图是文本的依附物。随着多媒体技术的发展，两者之间的关系已然颠覆，现在已经迈进了一个崭新的“读图时代”[29]。好的教学，在形式上一定是图文并茂的。图形、动画和视频等图像素材被作为常用教学元素来应用，实际上，它们也可以用来建构教学模型。不过，图像模型不同于一般图形元素，它是将实体（模型）或其他非实体（模型）进一步图形化、动态化的结果。相应地，图像模型分为静态图像模型和动态图像模型两种。静态图像模型用于表现原型的结构关系，比如矿物晶格结构、土的三相模型、岩石结构模型等；动态图像模型不仅能表现原型的结构关系，还能够表现其构成元素的运动方式，比如地貌演化模型、地震动模型、斜坡滑动模型等。动态图形一般包含动画、图片、文字、影像、音乐、特效等多种元素，可表达平面的、三维的甚至是虚拟的、想象出的模型，

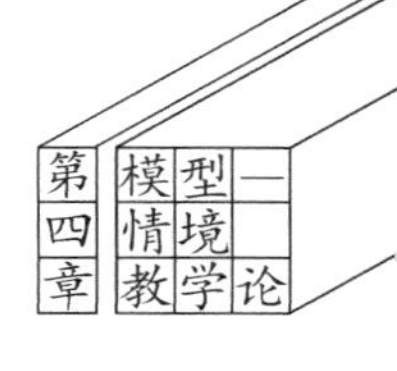

它们具有更加丰富的信息量和表现效果[30]。

4. 思维模型

思维就是“以维运思”，在一定的维度上作条理化的思考。从这一点来说，思维的本质就是思考内容的条理化。条理化思维能把庞杂的知识内容有序化、精要化——化繁为简、化乱为序、化粗为精，使学生厘清已有知识脉络，提高学习效率，因此也是培养专业人才科学思维的重要手段[31]。用简单易懂的图形、符号、结构化语言等表达人们思考和解决问题的形式，统称为思维模型，比如思维导图。思维模型就是逻辑运行的路径，一般以流程图的形式体现出来，有直线型、发散型、收敛型等3种基本形式(图4-4)，以及其他组合形式。直线型模型由若干个思维构件串联在一起，用以体现思维对象的连贯性、顺序性或延伸性，比如，地基承载力的分析步骤、滑坡的滑动阶段、地貌单元的演化历史等；发散型模型以某个思维构件为主干，发散并形成若干个分支，用以体现思维对象的构成关系，比如，地质构造分类、岩石类型划分、地质作用划分等；收敛型模型与发散型模型相反，它从若干个分支知识点出发，汇聚成一条或多条主干，是一个从分到合的过程，用以体现思维对象的归结关系，比如地质灾害的多因素成因分析等。对于某一章节或整门课程的教学内容而言，其知识点杂多，其思维模型也有简有繁，往往以这些基本类型为基础组合成其他形式，如并联型、闭合型、多向型等。

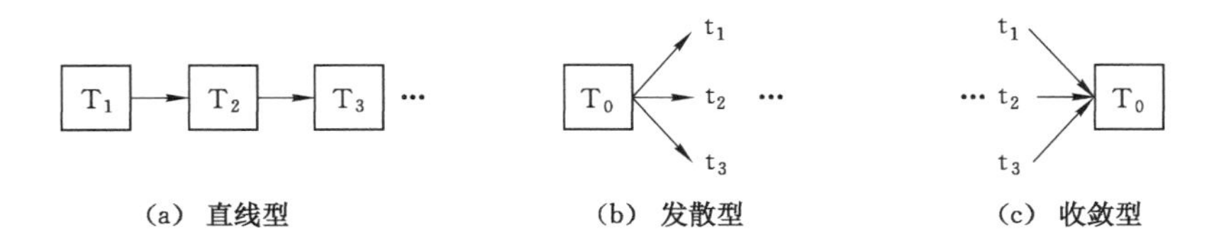

图 4-4 思维模型的基本形式

(三) 模型的体系

基于情境理论构建起来的体系应当是一个系统性的存在，它包括知识背景、情境维度、模型、教学主体、教学客体等5个基本要素，以及模型—情境映射、主体—客体互动所形成的两组关系。

1. 知识背景

在建构主义理论中，知识背景是一个重要的概念。大多数建构主义者认为，学习者要在现有知识的基础上，才能建构起自己的理解。所谓知识背景，就是学习者在学习新的内容前已经具备的所有知识的基础，其含义体现在5个方面：① 旧知识与老经验。既包括学习新知识所需要的直接的知识基础，也包括相关领域的知识以及一般性的经验背景。② 正式的与非正式的知识。不仅包括学习者在学校学到的正式知识，也包括他们的日常直觉经验。③ 正向知识与反向知识。不仅包括与新知识相一致的、相容的知识经验，也包括与新知识相冲突的经验。④ 具体知识与信念知识。不仅包括具体领域的知识，还涉及学习者的基本信念。⑤ 显性知识与潜在知识。既包括直接以现实表征方式存在于记忆中的知识经验，也包括一些潜在的观念[32]。知识背景既具有共性，又有一定的个体性。对不同的学习个体而言，他所具备的知识背景有所不同。因此，在情境建构选型设计时，要格外注意情境的适用性。

2. 模型—情境及其映射关系

情境教育理念的核心是什么？一些学者认为是“造境”。因为当前的教学环境最大的问题是抽离式学习，通过情境化或再情境化能够有效弥合所学与应学之间的背离。一些学者认为是“生情”。著名教育学家李吉林认为，“情感是情境教育理论的命脉”，它（情感）在学习中起着重要作用，推动学习活动的各个环节顺利进行。“关注—激起—移入—加深—弥散”这一连串环节就是情绪从生成到发展的过程[33]。实际上，无论是造境还是生情，都是为了促成认知模型的形成，因为只有在特定的模型中，这些理智的、情感的、具象的、抽象的因素才能被有机联系起来，为有效的继而是高效的认知奠定基础。关于情境与模型的关系，从静态的观点看，模型为内核，情境为外延；从动态的观点看，情境为起点，模型为目标。模型的功能和结构决定了情境的形式和类型。

关于情境理论的研究还存在着诸多关注点，涉及所言与所指、所教与所学、所知与所为等不同要素等，这些要素如果不能理清楚，所构建的情境就会成为空洞而无效的“虚像”[34]。从情境到模型,其关键在于映射,即采用何种映射方式才能使模型与情境结合起来。依其维度,可以分为 3 类(图 4-5):① 一维式。这是一种线性关系,即:将线性情境投射在某一焦点——模型上,或言之,将模型展开、投影在线性情境上。这种线性情境一般具有一定的阶段性、程序性或时间性,所映射的模型为点状或具有单一结构特征。② 二维式。这是一种面状关系,又可以分为平行式、斜交式和正交式。平行式是两个互不关联的情境维度共同投射模型的情况,比如不同的学科或专业情境。斜交式和正交式都是以相互关联的情境为坐标维度,斜交反映的是相近关系,比如“专业—学科”情境;正交反映的是相迥关系,比如“历史—逻辑”情境。③ 三维式。这是一种立体关系,它从 3 个维度建立映射关系,用于反映具有大结构、大信息量的知识模型,比如“学校—社会—生活”情境。当然,还有更多维度的映射形式,但是维数并不是越多就越好,应遵循适度原则,关键是要保证“模型—情境”之间的有机性和稳定性。

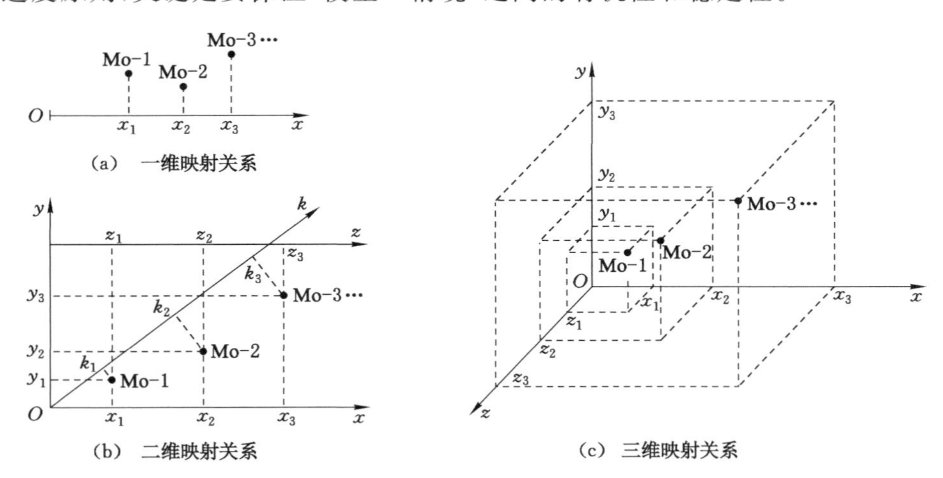

图 4-5 模型—情境映射关系

注:Mo-1、Mo-2、Mo-3 等为简化的模型。

3. 主体—客体及其互动关系

如何看待教学的主体和客体?在情境理论体系中,主体和客体不应排斥在情境之外,它们也是情境的重要组成部分(图 4-6)。教学主体和教学客体都是具有能动性的人，他们共同造就了情境，一个是教的情境，一个是学的情境。所以，教学主体（教师）是情境构建的设计者、建造者，教学客体（学生）则是情境的受用者、实现者。置于恰当的情境中，主体与客体之间的互动作用将会变得顺畅而自然，而不恰当的情境，则会阻碍两者之间的互动。美国社会思想家戈夫曼（E. Goffman）认为，人并非是社会化的产物，而是情境化的产物，而情境分为个体化情境和社会化情境[35]。可以说，没有互动，就没有真正的情境，构建情境的目的就是促进有效互动。在教学过程中，主体和客体并不是被生硬地拉进情境中，而是在主体与客体的互动过程中自然地产生情境。

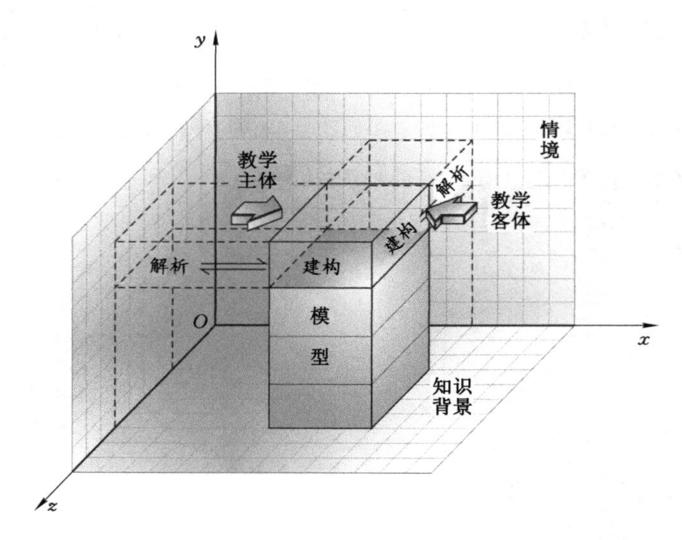

图 4-6　模型—情境理念示意图

需要指出的是，除了主体、客体之间的互动外，这两者也要与情境中的因素发生互动。情境学习理论创始人莱夫指出，情境的概念也“意味着在特殊性和普遍性的许多层面上，一个特定的社会实践与活动系统中社会过程的其他方面具有多重的交互联系”[36]。可见，这种互动性或交互性是多方面的、多角度的、多层次的。

三、模型—情境教学法

在模型—情境教学理念中还暗含着一对辩证关系，即建构与解析。建构是从情境到模型，而解析则是从模型到情境；建构过程是对教学的设计，解析过程是对教学的实施。两者是双向的，甚至在同一个单元教学事件中，也能看到两者的并存、互动作用。例如，在野外工作中，对某一地质体或地质现象绘制素描图，需要一边观察一边绘制，尽管要构建的对象是固定的，但也要在每一步中不断分析、反复比对。实际上，学生聆听一堂课，听觉、视觉、触觉等感官所接收到并被大脑处理的信息其实也是片段的、断续的，而不是连续的，但是他们依然能将其视为完整的，并对其片段性毫无觉察。其原因就在于：一方面，情境的连续性可以很好地弥补知识“传播—接收”的间断性；另一方面，学习既是建构也是解析，两种作用能很好地弥合知识信息的间隙。

（一）支架式教学法

伍德（D. Wood）、布鲁纳、罗斯（G. Ross）等人于1976年首次提出了支架式教学法，“支架”（scaffolding）一词原本指搭建建筑时所用的框架，他们认为，教学如同建筑高楼，需要借助一定的支架才能完成完整的、复杂的过程[37-38]。该方法旨在为学习者提供一种概念性的框架，把“教”看作支撑架，把“学”看作建筑体（模型），事先把复杂的学习任务加以分解，使学习者在框架体系的帮助和指导下，逐步加深对模型的认知建构。

教学支架的搭建要遵循基础性、简捷性、指导性的原则。根据维果茨基“最近发展区”理论，学生在学习上的进迁是从实际原有发展水平（知识背景）开始的，因此，教学支架的基点应该建构在学生的知识背景的基础上（图4-7）。教师所提供的支架包括以下目标和任务：① 激发，即激发学生对学习任务的兴趣；② 简化，即简化学习任务，使其更易于被学生掌握和实现；③ 指导，提供指导以帮助学生专注于实现目标；④ 纠偏，清楚地指出学生的成果与标准之间的差异，给出解决方案；⑤ 消挫，减少挫败感和风险；⑥ 定标，建立模型并定义清晰的活动目标[39]。在课堂教学中，支架可能包括模型、线索、提示、部分方案、思维指导和直接指导，教师也可以通过“问题支架”帮助学生完成任务或解决问题，通过提升提问水平，让学生作出正确的回答以加深理解，引导和支持学生在提问和互动的学习活动中达到他们的下一段认知水平[40]。

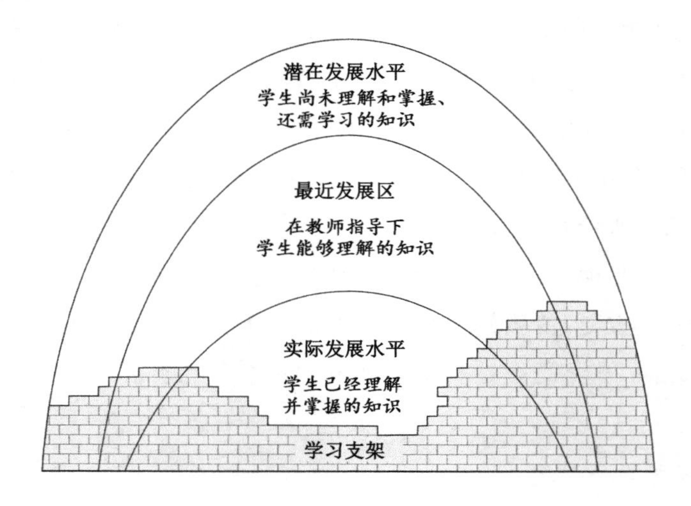

图 4-7　最近发展区学习支架模型

（二）抛锚式教学法

抛锚式教学法（Anchored Instruction）也叫“案例式教学”或“基于问题的教学”，该方法最早于 20 世纪 80 年代由范德比尔特认知与技术小组（CTGV）开发，旨在帮助学生克服在学习“惰性知识”上的困难[41]。抛锚式教学法要求教学活动建立在有感染力的真实事件或实际问题的基础上，这个基础被形象地比喻为“锚”，因为一旦问题之“锚”确定了，整个教学内容和教学进程也就被确定了。它的实质是将教学之“锚”抛定于（安排在）有意义的问题求解环境中，使学生能够从多种角度、持续地对环境中的问题进行求解[36]。建构主义认为，学习者想要完成从机械学习到意义学习的跨越，最好的办法就是投身到现实世界（真实情境）中去。这个问题之锚正是抛入于一定情境中，使学习者产生学习需要，并通过互动、交流、合作等形式完成学习活动，从而将学习者与情境紧密联系在一起。在抛锚式教学法中，“锚”是教学设计和教学过程的中心，学生的学习和教师的教学都是围绕这个“锚”进行的。学习是对知识的意义建构，教学是教师和学生积极互动的过程，教师是指导者，学生是发现者，并在教师的指导下进行主动的创造性活动。

抛锚式教学法一般分为 4 个步骤：抛锚、设锚、围锚、起锚。① 抛锚：创设一定的教学情境，这个情境是“宏情境”，即所设定的情境的边界与真实情境是密切联系的，而不是割裂的；所提供的情境信息是完整的，而不是孤立的。② 设锚：确定问题，引导学生根据所设定的情境确定需要解决的问题，给出解决思路[42]。③ 围锚：围绕这个问题之锚自主学习、交流合作，形成解决问题的方案并实施。④ 起锚：在问题解决后，要起锚——跳出情境看问题，作反思与评价，以获得情境化与非情境化之间的平衡，使学生从一个情境滑向另一个情境。

（三）学徒式教学法

学徒制由来已久，直到 20 世纪 70—80 年代沃特兰（L. Waterland）、莱夫、温格、乔丹（B. Jordan）等人通过对工厂和工人的实际调研，才将其正式纳入教育研究的视野中来，并发展成一类基于真实情境的教学方法。学徒不同于一般意义上的学生，他们并不是被动地、间接地听老师讲知识，而是作为“合法的边缘性的参与者与师傅一起做事”[43]。由于学徒是作为正式成员而参与其中的，所以很少使用测验、表扬或批评等校园式的教学评价手段。从认知过程来看，学徒制的认识路径不是线性过程，而是螺旋式的上升过程——在师傅的示范和指导下，学徒通过观察、尝试、反思与探究逐步掌握知识与技能（图 4-8）。学徒式的教学方法离不开专家指导，在学校环境下，这一角色自然由教师承担。目前，该方法在本科生毕业设计阶段及研究生科研阶段得以较好地应用[44]。

学徒式教学设计主要聚焦于 4 个维度，即内容、方法、顺序和社会化[45]：① 内容是构成某一专长所需要的知识，包括专业知识和策略知识。策略知识是应用专业知识和专业程式去解决实际问题的默会知识，包括启发式策略知识、控制策略知识和学习策略知识。② 方法是促进专长发展的方式，包括示范、指导、辅助、表达、反思、探究等。③ 顺序强调的是学习活动的程序，

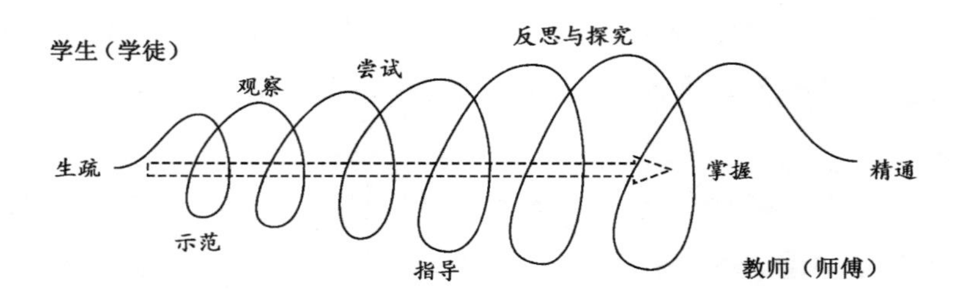

图 4-8　认知学徒制的螺旋模型

可以按照复杂性、多样性递增的顺序，或者先整体再局部的顺序，比如缝制衣服，先裁剪布料，再完善各个细节，从而使学习过程由简单向复杂演进。④ 社会化要求学习环境具有社会性的情境，它可以由情境化学习、生产实习、提升内部动机、合作等手段来实现。

（四）随机进入式教学法

随机进入式教学法(Random Access Instruction，简称"随进式教学法")是基于建构主义学习理论的一个新兴分支——"认知弹性"理论发展起来的。认知弹性理论认为，人的认知能力和水平随情境的不同表现出极大的灵活性、复杂性和差异性。这种随机式的进入方式，最大程度地"模拟"了学习者接触真实情境的情况，同样的知识在不同的情境中会产生不同的意义——不仅不同的主体对同样的知识建构会产生出不同的意义，即使同一个主体，在不同的情境和条件下也会建构出不同的意义。因此，应让学习者通过不同途径、不同方式，随时、随意、多次"进入"同样的学习情境，使学习者"从不同角度以多种方式重建自己的知识，以便对变化的情境领域做出适当反应"，从而达到对教学内容全面而深刻的掌握，这就是所谓的随机进入式教学法[46]。这种多次"进入"，不是像传统教学中只为巩固一般的知识、技能而实施的简单重复，而是在每次进入时都带有不同的学习目的、任务以及不同的问题侧重点，而使学习者对知识模型的全貌形成认识上的飞跃。随机进入式教学与情境教学具有内在的一致性，两者都是在不同的情境中、从不同的角度理解和建构知识，由此获得广泛而灵活的非结构性知识[47]。

随机进入式教学法包括呈现基本情境、随机进入学习、思维发展训练、小组合作学习、学习效果评价等多个环节。① 造境。向学生呈现出与当前学习主题的基本内容相关的情境,这里的情境是一个宏观之境。② 入境。随机进入学习情境,这取决于学生随机进入学习所选择的内容,而呈现与当前学习主题不同侧面特性相关的情境。在此过程中,教师应注意培养、发展学生的自主学习能力,使学生逐步养成自主学习的习惯。③ 思考。由于随机进入学习的内容通常比较复杂,所研究的问题往往涉及许多方面,因此,在这类学习过程中,教师要特别注意发展学生的思维能力,以使其在情境中实时处于思考状态。④ 讨论,即围绕呈现不同侧面的情境所获得的认识展开小组讨论。在讨论中,每个学生的观点在和其他学生以及教师一起建立的社会协商环境中受到考察、评论,同时,每个学生也对别人的观点、看法进行思考并作出反映。⑤ 评价,包括自我评价与小组评价,评价内容包括自主学习能力、对小组协作学习所作出的贡献,以及是否完成对所学知识的意义建构等。

（五）爬山式教学法

爬山式教学法来自地质专业实践教学,它是通过设计一系列具有层次性的主题,向学生提供工具性的概念和路线性的知识,从而使学生能够身体力行进入学习情境的一种教学方法。与其他几种教学方法不同的是,爬山式教学法对学生提供的指导是方向性的,通过目标的设置激发学生的学习动力。学生在进入情境之后,由于调动了身心而促进自主学习;另外,在学习过程中,能发现更多丰富的细节知识和知识的细节(非既定知识),从而在内心产生学习的愉悦感,进一步促进新的学习发现,这就形成了一种良性循环,直至爬到山顶,完成最终目标和所有任务。可以说,学生的习得效果与身心参与程度是呈正比的。

爬山式教学法可分为 6 个步骤,以山做喻,分别是造山、指山、见山、进山、登峰、出山(图 4-9)。① 造山成境。情境要像山一样具有一定的高度、难度和层次性,可以将一个主题分化成多个子主题,也可以将多个主题合并为一个情境,按照难度大小布置成学习任务。② 指山引路,主要通过讲授或演示的方式将教学的基本内容展示给学生，以主题或问题为线索，给予其学习、研究、探究方面的指导。③ 见山生情。这个"山"其实就是学生所面对的真实情境和真实问题，学生根据情境生成一个初步模型，并形成解决问题的初步方案。④ 进山看景。这个环节是最长的，也是最关键的，应由学生主导，尽可能多地调动其能力以发现问题、解决问题，将静态知识转变为真实情境中的动态知识，随着解决问题的进度延长，教师的作用逐步弱化，直至退出。⑤ 登峰览众。这是学习任务的最终学习目标，学生通过纵向或横向的对比方式对先前所学的知识内容做整体上的联系与整合。⑥ 出山化境。这是最后一个环节，学生已获得了知识，训练了相关技能和素质，要通过进一步反思与评价的方式跳出情境去思考和体悟，从而实现情境教学的最高境界。

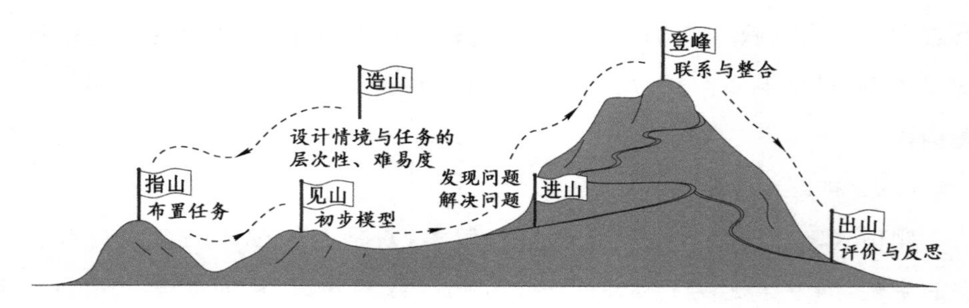

图 4-9　爬山式教学法

对比以上 5 种教学方法，可以看到，它们都有各自的适用范围：支架式教学法关注的是情境过程，解析框架建构模型，适用于小情境、大模型；抛锚式教学法关注的是情境基点，解析坐标建构模型，适用于大情境、小模型；随进式教学法关注的是情境状态，解析途径建构模型，适用于小情境、小模型；爬山式教学法关注的是情境层次，解析路线建构模型，适用于大情境、大模型；而学徒式教学法关注的是情境角色，解析程序建构模型，适用于强调"人情境、物模型"（以人为核心的情境与模型）。教学的过程，就是对模型的反复解析与建构的过程。

参考文献

[1] 维果茨基.维果茨基教育论著选[M].余震球,译.北京:人民教育出版社,2005.

[2] BROWN J S, COLLINS A, DUGUID P. Situated cognition and the culture of learning[J]. Educational researcher,1989,18(1):32-42.

[3] 莱夫,温格.情境学习:合法的边缘性参与[M].王文静,译.上海:华东师范大学出版社,2004.

[4] 王文静.基于情境认知与学习的教学模式研究[D].上海:华东师范大学,2002.

[5] 张瑀.基于情境学习理论的高校思政课情境教学模式探析[J].佳木斯职业学院学报,2022,38(2):116-118.

[6] 高文.情境学习与情境认知[J].教育发展研究,2001,21(8):30-35.

[7] 陈梅香,连榕.情境学习理论在教育中的应用[J].当代教育论坛,2005(7):32-36.

[8] 王旭红.情境认知理论及其在教学中的应用[J].当代教育论坛(学科教育研究),2008(10):9-11.

[9] 乔纳森.学习环境的理论基础[M].郑太年,任友群,译.上海:华东师范大学出版社,2002.

[10] NORMAN D A. Cognition in the head and in the world:an introduction to the special issue on situated action[J]. Cognitive science,1993,17(1):1-6.

[11] CLANCEY W J. A tutorial on situated learning[C]//CHAN T W, SELF J. Emerging computer technologies in education:selected papers of the International Conference on Computers and Education (Taiwan). Charlottesville,VA:AACE,1995:49-70.

[12] 张建伟.基于问题解决的知识建构[J].教育研究,2000(10):58-62.

[13] 陈健.论基于网络交互的学习共同体[J].科技咨询导报,2007(12):197-198.

[14] 杨震,赵志根,王世航,等.论地质地理野外实习课程思政育人元素的挖掘与融入[J].中国地质教育,2021,30(4):100-105.

[15] 陈骏,胡文瑄,李成.地质学实践教学现状分析与对策[J].中国地质教育,2007(1):133-139.

[16] 罗日叶.为了整合学业获得:情景的设计和开发[M].2版.汪凌,译.上海:华东师范大学出版社,2010.

[17] 王灿明,等.情境教育促进儿童创造力发展:理论探索与实证研究[M].北京:中国社会科学出版社,2019.

[18] 徐继山.地质学知识的认知特征与记识模式探析:以地质年代口诀记忆法为例[J].中国地质教育,2021,30(3):69-73.

[19] 雷范军.新课程教学中强化训练化学模型方法初探[J].化学教育,2006(4):16-18,27.

[20] 赵萍萍,刘恩山.科学教育中模型定义及其分类研究述评[J].教育学报,2015,11(1):46-53.

[21] COUNCIL N R. A framework for K-12 science education: practices, crosscutting concepts, and core ideas [M]. Washington, D. C.: The National Academies Press,2012.

[22] 孙可平.科学教学中模型/模型化方法的认知功能探究[J].全球教育展望,2010,39(6):76-81.

[23] 郭卫华."物理模型与建模"在高中生物教学中的应用[J].理科考试研究,2020,27(6):62-64.

[24] 杨予,傅军.模型教学法在建筑结构专业课程中的应用探讨[J].理工高教研究,2009,28(6):125-127.

[25] 伍瑞斌.基于成本会计实训教学改革视角的模型教学法应用探讨[J].广西教育,2013(47):48-51.

[26] 刘朝明.大学本科"经济学基础"教学方法创新研究[J].西南交通大学

学报(社会科学版),2007,8(6):8-11,56.

[27] 郑云英,王翀. MOOC平台下的《数学模型》课堂教学改革[J]. 淮北师范大学学报(自然科学版),2018,39(3):78-80.

[28] 王淑红. 关于数学模型课的教学探讨[J]. 内蒙古民族大学学报,2012,18(5):150-151.

[29] 刘晓荷. 图像时代语文阅读教学的可视化转向研究[D]. 重庆:西南大学,2020.

[30] 童江涛. 确定的实践和不确定的解读:"Motion Graphics"概念解析[J]. 艺术百家,2012,28(2):240-241.

[31] 林维菊,许婷. 条理化思维的科学训练:高校培养专业技术人才的重要环节[J]. 林区教学,2009(5):18-19.

[32] 张建伟. 知识的建构[J]. 教育理论与实践,1999,19(7):48-53.

[33] 李吉林. 情感:情境教育理论构建的命脉[J]. 教育研究,2011,32(7):65-71.

[34] 吴刚. 论中国情境教育的发展及其理论意涵[J]. 教育研究,2018,39(7):31-40.

[35] 王晴锋. 情境互动论:戈夫曼社会学的理论范式[J]. 理论月刊,2019(1):138-144.

[36] 高文,徐斌艳,吴刚. 建构主义教育研究[M]. 北京:教育科学出版社,2008.

[37] WOOD D, BRUNER J S, ROSS G. The role of tutoring in problem solving[J]. Journal of child psychology and psychiatry, and allied disciplines,1976,17(2):89-100.

[38] 王晓明. 教育心理学[M]. 北京:北京大学出版社,2015.

[39] CIULLO S, DIMINO J A. The strategic use of scaffolded instruction in social studies interventions for students with learning disabilities[J]. Learning disabilities research & practice,2017,32(3):155-165.

[40] 黄敏. 基于科学探究能力培养的支架式教学实践研究[D]. 上海:上海师

范大学,2020.

[41] 辛亚君.抛锚式教学在汉语综合课教学中的应用[J].鞍山师范学院学报,2016,18(1):63-65.

[42] 韩凤昭,孟凡荣,杨文华,等.抛锚式教学法在临床药理学教学中的应用初探[J].继续医学教育,2023,37(3):41-44.

[43] JEAN L. Cognition in practice: mind, mathematics, and culture in everyday life[M]. Cambridge:Cambridge University Press,1988.

[44] 赵延清,贾云宏.建构主义教学理念和教学模式[J].辽宁医学院学报(社会科学版),2007,5(4):63-65.

[45] 陈家刚.认知学徒制研究[D].上海:华东师范大学,2009.

[46] SPIRO R J, FELTOVICH P J, JACOBSON M J, et al. Cognitive flexibility, constructivism and hypertext: random access instruction for advanced knowledge acquisition in ill-structured domains[M]. New Jersey:Lawrence Erlbaum Associates,1992.

[47] 吴良根.随机进入教学:模式及实例分析:建构主义理论视阈下[J].教育研究与评论(中学教育教学),2011(10):72-76.

第五章　聚合知识观

知识是人类认识和把握世界的一种概念性工具和成果。人们把组成课程内容的基本单位叫作知识点。实际上，知识点并不是一个几何意义上的“点”，它也是有结构的，并以团聚的状态存在着，这就是“知识团”。如果把知识单元视为“点”，无疑从概念上就阻止了对课程知识构成探索的脚步。从点到团，仿佛把知识点的切片放在了显微镜的镜头下，可以更清晰地看到知识团的结构，了解知识团的性质。

一、知识团的结构

知识团是按照一定的关联形式将若干知识点（可看作次一级别的知识团）聚合在一起的团聚结构。按照关联形式，可以将其划分为两大类：基本形式和组合形式。

（一）基本形式

1. 串联式

串联式的知识团是由若干个知识点串联起来的形式，各知识点处于并列关系或递进关系之中[图 5-1(a)]。在并列关系下，知识点之间不存在显著的时间或逻辑上的先后次序，而在递进关系下，知识点之间具有相对固定的次序关系。比如，“土的基本结构类型有单粒结构、蜂窝结构和絮状结构等类型”，这几种结构类型就是一种并列关系[1]。再如，“第四纪可以划分为早更新世、中更新世、晚更新世、全新世”，这 4 个地质年代单元具有时间上的先后关系，是一种递进的串联关系[2]。就知识点构成来说，它们具有比较明确的边界，相互之间并没有实质的关联。那么，这些知识点为什么可以维系起来呢？这是因为它们具有相同或相近的功能属性，在知识的表达上具有相同的或相近的指向，正如前面的两个例子，它们具有趋向一致的指向性。

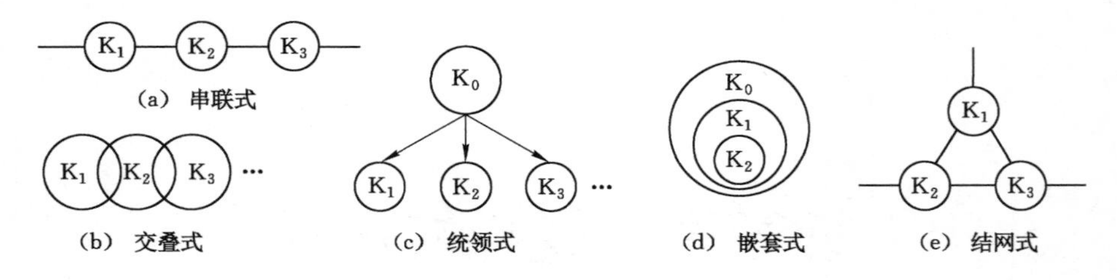

图 5-1 知识团的基本形式

2. 交叠式

交叠式的知识团是由两个及以上的知识点相互交叠而联系在一起的知识结构类型[图 5-1(b)]。在这种结构下，知识点处于相互衍生的关系形式，它们之间具有一部分重叠区间，但在更大区间上是不同的。比如，“活动构造与新构造”这一对概念经常被放在一起讲解，这是因为它们之间存在着一定的联系。从定义上看，“新构造是新近纪以来所形成的地质构造”，“活动构造是晚更新世以来一直在活动，未来一定时期内仍在活动的构造”[3]。两者在时间区间上具有一定的重叠。对地质学而言，这一类知识团尤为多见，这是因为地质学的发展并不是遵循着线性规律，它是在不同分支、不同领域、不同时期形成的，所以知识重叠现象比较多。类似的概念还有洪积物与冲积物、气候地层学及其地质标志、地质环境与环境生态，等等[2]。

3. 统领式

统领式知识团是以某个知识点为主，以此为基础展开成若干个知识点的一种形式[图 5-1(c)]。它与其他知识点的不同之处在于，这个作为主干的知识点也是一项重要的知识内容。在这种结构下，分支知识点之间关联度较小，但都与主知识点具有较强的联系。比如，“斜坡重力作用”本身是一个核心概念，在其下还可以分化出流动作用、滚落作用、滑动作用等不同类型，主干知识点是理解其他分支知识点的出发点。

4. 嵌套式

嵌套式知识团是一种圈层相套的构造形式[图 5-1(d)],体现了知识团的层次关系,它是一种逐级深入和细化的构造过程,遵循着由宏观到具体、由一般到特殊的规律。通常是由一个较大的理论,嵌套着一个较小的理论,进而是概念、次一级概念,等等。比如,“土的物理性质”就是从土三相组成开始,依次讲颗粒特征、具体指标、含水性质等,这就是一种层层嵌套的关系[1]。

5. 结网式

结网式知识团是一种网状结构,知识点之间存在着显著的相互关联[图 5-1(e)]。一般而言,该知识团是较为广阔的知识面域,在某种需求下(如应用需求或课程讲解需要)而截取其中一个部分所形成的。比如,关于“土应力”的知识内容,它由土的自重应力、地基基底压力、地基附加应力、有效应力原理等知识点构成,这些知识点之间关联性很强,形成一个知识团块[4]。但是,它们是为了解决地基工程中土应力的问题而存在,对于边坡工程、地下工程、矿山工程等其他领域中的土应力问题并没有给出相应的介绍,尽管这些问题在本质上具有相通性[5]。

(二)组合形式

知识团的形成受众多因素影响:从内在上看,取决于知识点本身的特征及其相互关联关系;从外在来看,还受到其他主观因素、客观因素的影响,比如,为了方便课程讲解而人为划定知识的范围,或人为组成知识点的集合。因此,在课程设计中,知识团的结构往往呈现为由多种基本结构组合的复杂形式。

划分知识团结构的意义在于:在教学过程中,不仅要讲好知识点的内容,还要厘清知识点之间的关系。对于串联式结构而言,要抓住知识点之间的线性关系,沿着这根主线讲解知识;交叠式结构的重点在于知识团之间的交叉、重叠关系,这正是知识活化、扩展、迁移的先决条件;统领式结构由主、次知识点构成,要抓住主知识点,展现出派生次知识点的过程;嵌套式结构具有多个圈层级别,要注意把握圈层之间的跳跃思路;结网式结构是对知识整体面域的截断选取，要注意本知识团与整体知识团之间的关系。

二、知识团的能态

知识团是知识点的一种组织方式，它不是静态的，而是动态的。这种动态性体现在两个方面。

一方面是内部的分合运动状态。如果把知识团看作一个较大的圆，它的内部由一系列知识团构成，知识团可以进一步分化成若干次一级的知识团（知识点）（图 5-2）。

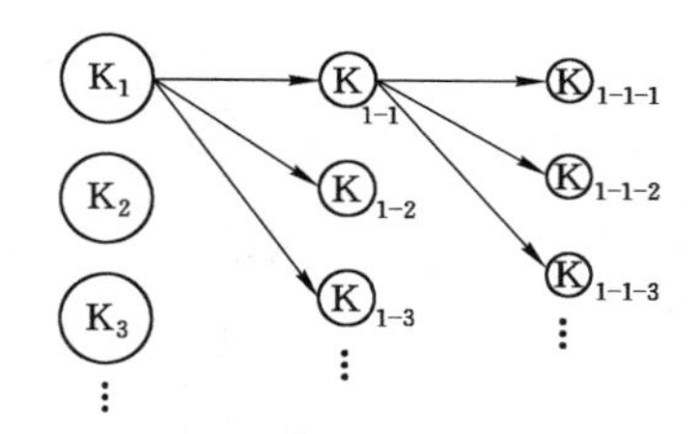

图 5-2　知识团的分化

理论上知识团是可以无限分割的，但并非越细越好，而应当是分化到恰当的知识点为止，这个恰当的“点”应以学生能够接受的最好程度为宜。

另一方面，知识团既是一种学科组织形式，又是一种教学组织形式，受这两种作用的促动，客观存在的知识团才能转化为主观具备的知识团。需要指出的是，在主观知识团中，知识可以进一步内化为专业素养，也可以外化为专业能力，这同样也是一种运动形式。

教学就是直接建立在知识团上的讲解过程，从这个意义上说，课程设计就是对知识团的聚合、分化、联系。这些知识点杂糅在一定的范围内，相互吸引或排斥，从而具备了一定的“能量”（图 5-3）。这些能量表现在外在就是它所具有的教学效果。知识团会受其自身的结构性、联系性以及外在因素等方面的影响，影响之强弱、得当与不得当，也就造成了知识团之两态，即基态和激发态。

（一）基态

基态是知识团处于较低能级的状态。在这种状态下，知识团内的知识

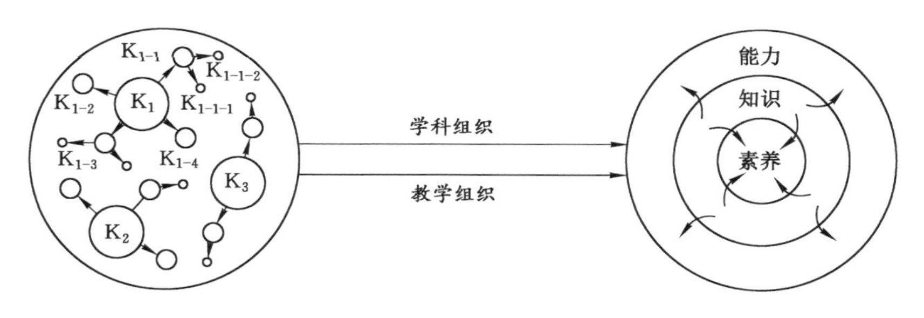

图 5-3 知识团的内部与外部运动

点相对稳定、不活跃，知识团的运动主要体现在其内部，主要表现为：知识结构松散、单一，知识边界明显、联系性较弱，知识表现力不够等。假设知识团的原始半径为 r_0，知识信息平均密度为 $\bar{\rho}$，教学效率为 η。那么，该知识团所蕴含的信息量为：

$$k(r_0)=\eta\cdot\bar{\rho}\cdot\frac{1}{2}\pi r_0^2 \tag{5-1}$$

一般情况下，信息密度 $\bar{\rho}$ 和教学效率 η 都可以看作常数。可以看到，知识团的信息量与半径 r_0 有关。但是，处在基态的知识团，教学效率小于100%，知识团的有效半径减小，从而大大减弱了它所表达的信息量。

（二）激发态

激发态是知识团能级较高的状态。在这种状态下，知识团内的知识点结构紧凑、联系性较强、知识表现力较高，甚至由于教学组织的激发作用，而扩展了知识团的边界，使知识团的半径由 r_0 增加到 $(r_0+\Delta r)$。相应地，此时知识团所蕴含的信息量为：

$$k(r_0+\Delta r)=\eta\cdot\bar{\rho}\cdot\frac{1}{2}\pi(r_0+\Delta r)^2 \tag{5-2}$$

对比公式(5-2)和公式(5-1)，可以看到，处于激发态的知识团信息量增加值为：

$$\Delta k=\frac{1}{2}\pi\cdot\eta\cdot\bar{\rho}\cdot\Delta r(2r_0+\Delta r) \tag{5-3}$$

由此可见，在知识团结构和成分不变的情况下，通过教学组织激发知识团的能级，就可以实现知识信息的大幅增加。

（三）跃迁

知识点从基态向激发态的转变称为“跃迁”。处于基态的知识团，知识点被束缚在边界范围内，无法有效发挥教学功能；而处于激发态的知识团，能够高效释放知识点的潜能，而使教学产生事半功倍的效果。从基态到激发态正是课程教学所追求的理想境界。

使知识团跃迁的方法有 4 种：① 化静为动。转变静态的教学观，使知识点充分“动”起来，这种运动既指形式上的“运”，也指逻辑上的“动”。比如，使用动态素材或视频素材表现知识点，重要的是要促进知识点的自我生成和主观建构。② 化繁为简。在课程设计上，要删繁就简，因为知识团的容量是有限的，过多的知识点会造成冗杂、重复等问题。组成知识团的知识点应具有代表性、一般性和精练性。③ 化断为联。知识团之间是具有界限的，但是这种界限并非不可逾越。在教学中，要注意知识团之间的联系，体现它们之间的作用关系。这样，就使知识团向更大的知识面、知识块发展。④ 化乱为定。正如前文所述，上课教学，不仅要讲知识的含义，更要注重知识的结构性。在教学设计上，首先就要厘清知识团结构，使其层次清晰、结构分明；在教学表现上，可以使用思维导图、知识图谱、文字小结等形式，以凸显知识的结构性。

三、知识团的类型

任何一门课程都是由若干个知识团构成的。这些知识团具有不同的特征与功用，在教学使用上也有所区分。以地质类专业课程为例，可以将知识团划分为 9 类[6]：

(1)“状态—描述”类。该类知识团的作用在于对认知客体的存在状态进行客观描述。比如，对地形地貌、物质成分(矿物、岩石)、地层组成、水文地质、地质年代以及地质体其他外在物理状态等特征的描述。

(2)“现象—识别”类。该类知识团用于对客观现象的辨识与鉴别。比如，对地质构造(断层、节理)、不良地质现象、古地质现象(古地震、古滑坡等)等现象的识别。

(3)“规律—归纳”类。该类知识团用于对客观现象进行规律性的归纳，比如对某种地质灾害(地震、滑坡、泥石流、岩溶塌陷、地裂缝、地面沉降)、某特定地质体(地层、岩体或土体)的时空分布规律进行事实性的反映。

(4)“要素—分析”类。该类知识团是在对客观对象或客观现象认识的基础上，进行要素拆解，并进行分析，比如将滑坡体拆解成滑坡体、滑动面、滑床以及次一级的结构。需要说明的是，这种分析需要结合特定的地质原理进行，比如边坡稳定分析原理。

(5)“结构—搭建”类。在分析的基础上，对客观对象的结构模型进行搭建，这种模型是建立在一定的抽象基础上的、主观世界中的模型，比如对某地质现象形成模型图、数据、本构关系式等。

(6)“作用—解释”类。该类知识团用于对客观现象进行解释。比如，对各类地质现象进行解释时，要对其产生的原因、过程、机理给出确定性的解释。

(7)“性质—阐明”类。该类知识团是针对某一特定应用而进行的分析。比如，分析岩土介质的工程性质时，既要依托岩土介质，又要结合特定工程建造的特点，涉及地基土的承载特征、人工切坡的稳定性、地下硐室的围岩稳定性等。

(8)“设备—操作”类。对工科类的专业而言，工程活动之于工程客体必然需要一定的工具和设备。该类知识团主要用于专业性工具的实际操作中，比如岩土钻掘、测绘、监测，以及物探、化探等相关手段。

(9)“工艺—设计”类。该类知识团是针对人工的或机械的活动特点，按照专业性的设备、工具、仪器的操作方法，进行工艺流程的设计，比如钻探设计、地质监测设计等。

在这9类知识团中，第1～3类对应的是本体论，回答的是“是什么”，对知识的组建要以客体为基础；第4～6类对应的是认识论，回答的是“为什么”，要遵循主体的认知规律；第7～9类对应的是方法论，回答的是“怎么做”，要把握认知中介——手段、工具、途径等技术性问题。总之，针对不同类型的知识团，要使用恰当的设计理念和实施方法将各类知识点聚合在一起，从而以“团”显微、以“团”见大、以“团”成课、以“团”促教。

参考文献

[1] 高大钊，袁聚云. 土质学与土力学[M]. 3 版. 北京：人民交通出版社，2007.

[2] 田明中，程捷. 第四纪地质学与地貌学[M]. 北京：地质出版社，2009.

[3] 鞠远江，孙如华，徐继山. 工程地貌学[M]. 徐州：中国矿业大学出版社，2020.

[4] 尤志国，杨志年. 土力学与基础工程[M]. 北京：清华大学出版社，2019.

[5] 徐继山. 通识工程地质[M]. 徐州：中国矿业大学出版社，2021.

[6] 徐继山，隋旺华，董青红，等. 试论地质类专业课程的思政性[J]. 中国地质教育，2022，31(4)：57-60.

第六章　动态课程观

教育是发生在个人与社会之间的主体性的文化创生与传递活动，它是一种有目的、有组织、有计划的培养人的活动，不是凭空产生的，也不能凭空传递，必须借助一定的载体才能进行，这个载体就是课程[1-2]。课程在教学中处于核心地位，它在纵向上连接着教学和教育，在横向上联系着专业与学科。在这一横一纵的坐标系上，课程是交点，也是唯一的、具体的实体。

课程的地位和作用体现在3个“程”上：第一，课程即工程。它就像工程一样，具有一定的结构和功能。在内容上，它是由相关专业的学科知识构成的，按照一定的结构（如逻辑结构）和形式（如章节形式）组织起来的一种知识体系。课程承载教育的目的、价值、方法、理念，也承载着学科的思想、原理、内涵、外延。第二，课程即进程。课程也意味着教学活动和学习活动。一方面，教师以课程内容为参考，针对学生、学科、学情的特点，按照一定的教育、学习、认知规律设计课程，并具体实施出来；另一方面，学生按照课程内容、学习计划、专业要求，完成对专业知识的学习，并通过其他相关教学环节的强化提升专业能力和职业素养。第三，课程即规程。课程不仅仅是一本教材、一堂课，它还是一套方案、一套标准，为教学、学习乃至教学管理等环节提供了依据。在课程体系下，规定了教师在备课、上课、结课中的基本规范，规定了学生在教学、自学、互学中的基本要求，也规定了教务部门在督课、助学、评教中的基本指标。

在基础教育中,课程的内容是相对固定的、稳定的,其含义也是单纯的;而在高等教育阶段,课程往往具有变化性或非稳态的特征,其含义也应是丰富的。基于基础教育的课程观,对高等教育显然是不能通用的。因此,在大学教学过程中,如何看待课程,则成为另一个亟须解决的重要问题。

一、大学课程的特点

与基础教育课程相比,大学课程的设置要考虑到许多因素,既要考虑经济、社会、科学技术以及高等教育等外在因素,还要考虑大学教学特点、大学生身心发展规律、学校自身的定位与特色等内在因素。概括说来,大学课程具有以下特点:

第一,专业性。大学不可能把学科全部知识教给学生,必须按学科发展和分类,以及社会职业分工需要来确定专业,在专业理念下构建知识体系,并以课程的形式加以确定。因此,大学课程组合基本上是以知识为导向,以学科为经纬,结合社会需要进行安排与组织的。大学课程具有典型的专业性,专业性是大学课程的本质属性。尽管当前高等教育改革更强调基础的宽厚性和通识性,但是"淡化"的是专业之间的界限,而非专业本身,专业化永远是大学课程的一个基本特点。中国当代教育家张楚廷教授曾对专业与课程的关系作过精辟的论述:"设置一个专业,就需要设计一套课程,形成课程体系;反过来,要设计好课程体系,才能办好一个专业。"专业比课程更有相对的稳定性,如果说专业是骨架,那么课程就是它的血肉和灵魂[3]。

第二,前沿性。高等学校不仅是培养人才的机构,还是创造科学知识的发源地。从培养人才这一角度来说,大学生应具备接受各专业领域最新研究成果,并对不同的观点作出初步评判的能力。大学要培养学生进行科学研究、探索未知领域的能力,大学课程有必要选择一些在科学发展过程中尚有争议的问题,吸收科学发展的最新成果,使课程内容始终处于世界科技发展的前沿,以保证大学培养人才的规格。从科学研究这一角度来说,现代大学不仅是教学单位,而且还是发展精深学问的机构。这种教学与科研的结合要求大学课程的内容具有前沿性,科学研究需要从课程教学中获得灵感,课程教学也要从科学研究中汲取营养[4]。

第三，高阶性。大学课程更注重科学方法论的训练，培养学生的探究能力。大学是高层次的教育，大学课程比中小学课程更加深入、复杂、尖端和开阔。大学课程不仅要教给学生现有的知识，还要把科学发展的道路、人类探索的过程展现给学生；不仅要给学生指出本学科正在解决或尚未解决的问题，还要给学生分析那些尚无定论的各学派的不同观点。除此之外，在大学课程的教学中往往渗透着教师的科研历程和思维方式，这样能使学生明了本课程的科学方法论，激发学生的探究欲望，培养学生的独立学习能力和创新能力[4]。

二、动态课程观

高等教育经历了古典主义、现代主义和后现代主义的发展，学术界对大学课程的看法一直存在着诸多不同的观点，比如：工业主义将教学类比为工业生产，学校是工厂，学生是原材料，教学就是“输入—加工—产出”的过程，课程就是这种生产所遵循的定量化、可控、可测的程序[5]；复古主义（永恒主义）认为，世界上的事物是多种多样的，教育应当关注世界的最基本的、永恒的真理，并倡导课程应该以“永恒学科为中心……教授人类生活永恒不变的主题”，最好的课程就是古典名著，最好的教学方式就是读古典名著[6]；人本主义强调人的尊严和价值，认为课程的目的在于培养自我实现的个人，并设计了人性化课程[5]……这些观念都是针对某一（些）特定学科或课程中的问题而阐发的，它们的适用范围是有条件的。正如施瓦布（J. Schwab）所说，在教育时代形势下，“需要一种适合于解决当代问题的新的原则、新的观点、新的方法”，这就是动态的课程观[7]。

（一）课程的结构

无论大学课程，还是中小学课程，都是具有一定功能的教学载体。有功能，则必然有与之对应的结构。事实上，关于课程的结构一直是教育现代化的一个重要论题。如何理解其结构性？有 3 种理解：在宏观上，课程是为了达成人才培养目标而由不同科目构成的整体，它具有专业体系结构；在中观上，课程就是指学科知识内容，它具有学科逻辑结构；在微观上，课程是教师在组织教学中组建起来的要素,具有教学组织结构[8]。不过,这些理解仍然是从课程的外在形式上出发的,并没有深入课程的内在本质。如果把课程抽象为一般模型,它应当具有3个主要部分,即内核层、中间层、外延层(图6-1)。

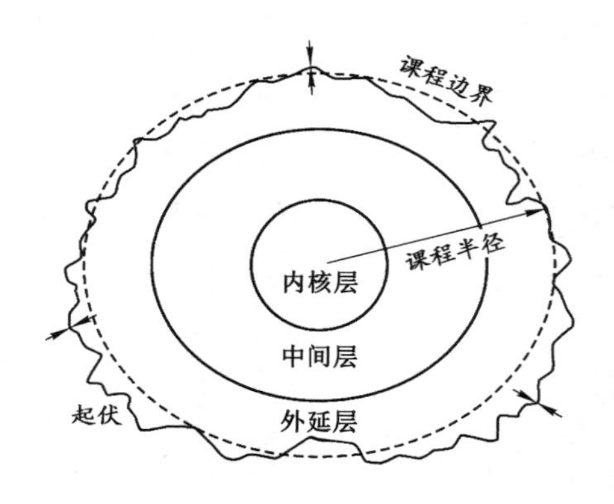

图6-1　课程的结构与边界

1. 内核层

课程的核心是什么?一种观点认为,课程的核心就是学生或者教师,显然,两者是教学活动的主体和客体,因而不属于课程界定的范畴。2014年,教育部在《全面深化课程改革 落实立德树人根本任务的意见》中提出了"核心素养"的概念,它包括学生应具备的终身发展和社会发展需求的必备品格和关键能力[9]。需要指出的是,核心素养是作为对课程改革的和教学实施的要求而提出的,并不能直接作为课程的核心。同样地,教育目标和培养目标具有宏观指导性,也不宜作为课程的目标。课程的内核应当是课程最基础的结构,通常由课程所依托的基础性学科知识所构成,比如学科中的基本原理、基本理念、基本法则等。它往往由若干个知识团构成,知识团之间具有比较强的关联性,从而维持了这个核心的稳定。课程内核一般是在漫长的学科历史中形成的,不易随着外在条件的变化而变化。

2. 中间层

课程的中间层介于核心层与外延层之间,该层由较多的、呈集合状的知识团构成,这些知识团是经过长期验证,并受到科学共同体一致认可的结论性知识集合,知识团之间的关联不紧密。该层具有过渡性质:一方面,它聚集在课程内核周围,系由课程的内在作用吸引而成层;另一方面,它与外延层联系,其内容来自外延层——既可以看作外延层沉淀形成的结果,又可以看作即将进入内核的雏形。为什么需要分化出一个中间层?有两个原因:从内向外看,无论理科,还是工科,抑或是人文社科学科,其课程体系都是从原理出发衍生出来的,即遵循着“原理确立——性质衍生——应用扩散”的发展过程;从外向内看,它还指示了课程作为学科载体的进化过程。根据科学哲学家波普尔的科学假说理论,科学始于问题,经过研究形成了试探性的理论(假说),再经过进一步验证才能形成相对稳定的理论,即“假说——准定理——定理”的发展过程[10]。

3. 外延层

最外面的是课程外延层,对于大学课程而言,其开放性、变化性以及跨学科之间的联系性都在这一层得以体现。外延层具有 3 个方面的特点,即新、近、弱。从构成来看,该层的知识内容相较于中间层和核心层是最新的,因为在课程之外是广阔的空间,通过这一层能使课程吸收更多的新观点、新理论、新技术、新方法,或者新问题、新案例。从学科来看,外延层的知识内容包括近期研究成果。大学课程代表着先进文化,吸收和创造先进文化是高等教育的一项重要使命,这就要求大学研究和教学要时刻保持前沿性,以并进的进而是引领的态度对待科技和社会的发展[11]。从内在联系来看,构成外延层的知识团之间的关联作用是最弱的,甚至它们之间处于排斥状态,这就为课程内容的更新迭代以及跨学科建设带来了潜在可能。课程的开放程度与外延层的包容性有关,在这一层,相同、相近甚至相反的知识团应该被允许存在,从而激发出课程自我革新的动力。

需要说明的是,课程的“圈层结构”是对一般课程而言的,不同的课程在具体形式上有所不同。对理论性课程而言,内核层更大一些,比如普通地质学、矿物学、岩石学、地貌学等;对实用性课程而言,更侧重中间层,如工程地质学、岩土工程勘查、岩土钻掘工程等;对探讨性课程而言,它的外延层则要占据更大的空间。

（二）课程的边界

课程具有一定的面域或圈层，衡量课程大小的参量称为课程半径，它是指课程中心到课程边界的距离。课程半径的长短与课程的学科联系力、教学组织力等因素有关。学科联系力是课程核心对外围知识团的作用力，也就是课程知识结构的内力；教学组织力是由课程的外在因素——主要是教学设计与实施效果引起的。

课程边界是课程与外在环境或与其他课程之间的界限，用以区分课程的界域。一般地，课程在设置上要考虑诸多原则。

（1）系统性原则。大学课程的设置是一项系统工程，要考虑各种要素，使课程具有完整的边界。在微观上，要考虑课程自身作为学科主体或分支的结构或内容；在中观上，要考虑课程与专业培养方案，乃至与学校办学理念之间的适配性；在宏观上，还要考虑行业发展、国家需求、教育方针等问题[12]。

（2）独立性原则。从绝对意义上讲，能够纳入课程的知识内容是无限的，如果都纳入课程中来，既不现实，也无必要，且与课程的设立初衷是相悖的。因为没有效率的教学是无效的，没有筛选的课程也是徒劳的。课程的设置首先要确定好具有一定距离的核心，在此基础上，围绕这个核心，选取恰当的课程半径使之成为课程。课程与课程之间的边界不宜有重叠，否则会造成课程资源的浪费，降低教学效果。

（3）主客体原则。课程设置的目的是教学，所以也要考虑到教学主体、客体的相关因素，比如，教师的教育素养、教学经验，学生的学习习惯、学习基础，等等。

理想的课程结构的边界应当是有限的、无形的、动态的、起伏的，这对于课程的发展具有十分重要的意义。这是因为：有限的课程边界能使课程被囊括在一定的界域内，使课程内部的知识团更好地联系、交互、融合，从而产生更强大的结合力，创生出更多有价值的新知识；无形的边界也意味着课程的开放性，更容易吸收外在的甚至是跨学科的内容；动态的边界能产生"起伏"，扩大课程与外界、课程与课程之间的接触面，为课程的变革与发展提供

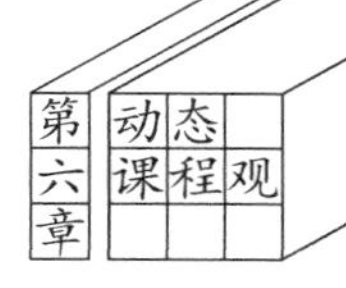

潜在条件。

（三）课程的势态

课程的势态是指课程所处的状态及其所具备的势能。对于同样一门课，假设课程内容、课程方案都一样，为什么对不同的教师而言，课程的教学效果(不是指课程考核成绩)不一样呢？表面上看，这是教师教学能力、经验、投入程度造成的。实际上，对于同一位教师，哪怕面对同样的学生，所产生的教学效果也可能不同。这在深层上揭示了一个问题，即课程是具有势态的。

与知识团的能态结构相类似，课程的势态也有两种：一种是基态，一种是激发态。基态是课程所处的较低势态，在该势态下，课程处于固化的、平静的、未激发的状态，其表现有：课程知识松散，教学效率低、学习效果差，教学目的达成度低，课程育人功能不能很好地体现，等等。激发态是课程所处的较高势态，在该势态下，课程处于一种激发状态，不仅能很好地传输课程知识，还能辐射出课程的育人功能。在激发态下的课程，其效率是最高的，教学的主体、客体以及课程各要素处于一种自动、自发的高效运行状态。从这个意义上讲，课程改革的目的，并不是要对课程内容本身做革命性的变动，而是要通过教学理念与方法的变革激发课程的势态。如何使课程从基态提升到激发态？概括说来，就是要做到“明、真、实、活”等 4 个方面。

第一，方向要明。要明确课程的地位及改革方向。从专业育人整体目标考查，大学专业人才的培养离不开一套相互衔接、相互支撑、层层递进的课程体系[13]。在对课程结构、课程标准、课程计划、课程设置以及人才培养方案的修订和完善中，要始终围绕着育人目标和办学定位而展开。

第二，内容要真。课程是建立在科学的基础上的，课程改革也要遵循科学规律。课程改革是“良心活”，要在许多地方下功夫，甚至是“看不见”功效的地方。这要充分发挥人的主观能动性，既要教师付出真情，也要学生下得真功。课程改革是“持久战”。教育只要是发展着的，问题就会层出不穷。面对不断出现的各种问题，要有真态度，看到真问题，找到真方法，得到真结果。课程改革也是个“精细活”,它所面对的问题就是最具体、最实际的问题,同时也是最值得研究的问题。

第三,结构要实。课程是撑起教育大厦的基石,课程结构的强弱、功能的好坏决定着教育目标能否实现。课程改革要秉持务实的态度,深刻研究实实在在的问题,把增进教学与学习实效作为改革的动力和标准;课程改革也不能只停留在表面——热衷于构建新模式、新机制,而应当潜入深层,深入挖掘教学现象背后的本质;课程还要厚实,课程既是历史的积淀,也是时代的凝结,要不断锤炼、打磨,使之成为精课。

第四,观念要活。活,就是活动、灵活,是相对于固化、守旧的课程观和教学观而言的。课程改革就是促进课程发展——从不变到变化,这是因为课程的外部环境在变化,课程自身所依托的学科也在发展,对于课程吸纳的知识团如果不能很好地融合,就会使整个课程体系变得僵化。当然,活化需要保持一个度,即:在保持课程核心层和中间层相对稳定的前提下,利用外延层使课程得以活化,从而保持课程的畅通性与新鲜度。

三、课程的维度

当前对课程学的研究存在着两个视角:一个是教育学,将课程看作无差别的实体,用以从整体上考察其基本特征与共有规律;另一个是教育管理领域,将高等学校本科专业划分为 12 个学科门类、93 个专业类、792 个专业,将研究生学科专业划分为 14 个学科门类、112 个一级学科、740 个具体专业[14-15]。可见,教育学下的课程论无意关照课程的微观,教育管理工作下的分类学也并未触及微观的课程,两者的研究视角过于宽泛,因而难以窥见课程学的细节。课程论就是以理论论课程,想要深入课程的内部,就要选取一种恰当的理论视角,这就是课程的维度。

(一) 第一维度:主体—客体

课程的第一维度就是“主体—客体”维度,因为教育教学自发生的那一刻起,就已经产生了一对相对的对象——主体、客体。这里所谓的主客体是针对认知而言的,因为教育学在本质上是一种认知学习或学习认知的活动;换句话讲,在教育语境下人与世界是认知与被认知的关系。没有认知,就没有主体与客体,也就不会有教学活动的发生。

关于人与教育的关系可以从3个方面来理解:第一,教育是人类特有的一种社会现象。动物界可能存在着某些简单的教与学的行为,比如,成年乌鸦教幼年乌鸦使用木棍取食树洞中的小虫等,但这种“教学”活动只存在于动物个体之间,也只建立在本能的基础上,它们并不存在着社会层面的教育[16]。如此便将人与外在世界分离开来,而联系两者的中介便是教育以及教育理念指导下的教学。第二,人是教育的对象,也是教育的施与者。所谓“以人为本”,意在言明教育是有方向的,就是要通过教育使人成为真正意义上的“人”——他是社会性和个体性的完整统一。第三,教育的过程在整体上是从主体到主体,其中也暗含着“客体—主体—主体”“主体—客体—主体”或“主体—主体—客体”等3种具体实现形式(图6-2)。对教学来说,它在本质上是主体性的(主体化),在过程上也是具有导向性的。

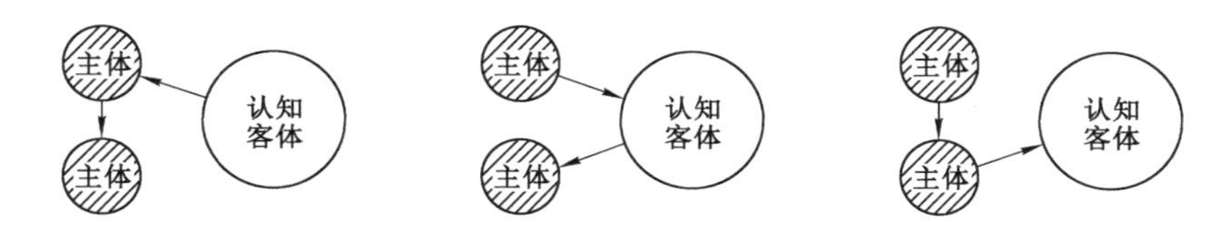

图6-2　教育过程中主体与客体的关系

在这一维度的划分中,包含了课程的两个侧重方向——主体主导倾向、客体主导倾向,它们分别受控于教学的两端——主体和客体。所谓主体主导型课程(简称主体型课程),就是与人类、人类社会关系最密切的一类课程,比如人文社科类的专业性课程。此类课程是以人文精神或人文主义为核心,研究人类的内在品质、文化特征,以及各种社会现象、社会运动变化及发展规律的各门科学的总称[17]。此类课程涵盖了对个人、社会和人类整体作现实反思与终极探求所形成的各类知识集合,比如“自由、民主、博爱”的普遍价值观、中国传统文化中的道德观念、人类的精神文明成果等,以培养人的内在素养(精神气质、文化修养、公民意识、法治意识)以及与他人或社会互动的外在能力(沟通、交流、管理等能力)。在《中国大百科全书》中将人文社会类分成两个子类：人文课程包括语言学、文学、哲学、考古学、艺术史、艺术理论等，社会课程包括政治学、社会学、人类学、经济学、管理学等[18]。由于主体型课程受主体主导，旨在全面塑造人或塑造人的全面，所以它具备鲜明的开放性或发散性[19-20]。与之相对的是客体主导型课程（简称客体型课程），它是在对客体的探索、研究的基础上而形成的各类学科知识的集合，是研究无机自然界和包括人的生物属性在内的有机自然界的各门科学的总称。它所认识的对象是整个自然界，即自然界物质的各种类型、状态、属性及运动形式，对应自然科学类专业性课程，包括数学、生物学、物理学、化学、地质学、天文学、地理学、医学、农学等[18,21]。可见，这一类课程的知识内容是围绕客观世界形成的，而衡量客观世界的标准是唯一的，使得该类课程具有确准性或收敛性。

需要说明的是，主体型课程也具有客观性的一面；同样地，客体型课程也具有主体性的一面，只不过它们在具体表现上具有某一端的倾向性。在该维度上，"三位一体"的价值体系也能很好地反映出来，其中，知识传授功能是基础，两类课程在知识传授上是相同的，在能力培养上则是相分的——主体型课程重心在主观世界，客体型课程重心在客观世界。不过，两者在价值塑造上则是相通的，这需要两类课程在教学实现过程中注意对相对一端的映照。

（二）第二维度：具象—抽象

对学习行为的研究是传统教育学的专长，甚至可以说，现代教育学就是在学习心理学或学习行为学的基础上建立起来的。然而，这种研究存在着两个缺憾：第一，在西方分析传统主义的理念下，他们往往将人简化为一个理想主体，比如动物或计算机，从而得到一个明确的结论。因为简化忽略了作为复杂个体的人的种种特征，所以这些假说存在着一定的漏洞——只能在有限的范围内运用。第二，这些研究多聚焦于基础教育，而高等教育与之相比，在授课对象、教学目标、学习方法、教学方式等方面有着显著不同[22]。比如，学生的学习行为展现与其年龄呈现为一定的"凹陷"规律（图 6-3）：在学前阶段，其行为的内在展现程度较高；随着基础教育强化，其学习行为受到教育者及其他外在环境的影响较大而不能够充分展现出来；而在高等教育阶段，学生独立学习的意识和能力开始提升，其行为展现程度也呈现快速上扬的态势。因此，需要从新的维度审视高等教育学下的课程学习观。

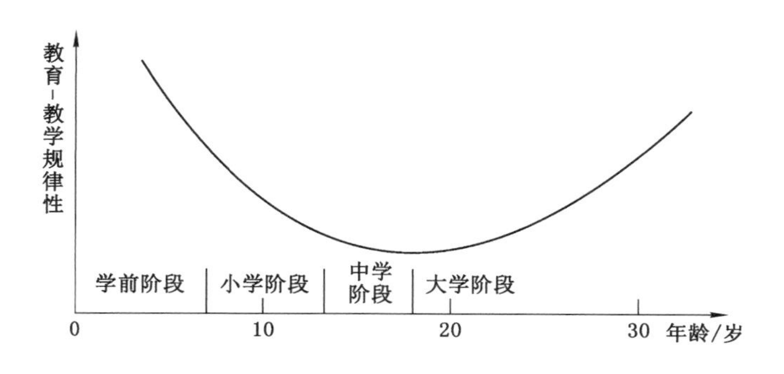

图 6-3 学生学习行为展现与学制阶段的关系

课程的第二维度是具象—抽象维度，这是从学习者对课程的学习反应与致思形式上来划分的，相应地可将课程划分为具象型和抽象型。具象型课程，主要是通过调动和训练人的具象思维来实现教学活动的一类课程。具象思维也叫形象思维，其要点就是通过思考形成具体的“象”，“象”就是客观物质存在的形态[23]。在各门学科中，都会与客观物质世界发生联系，凡是通过观察、试验、测量、拍摄乃至对客体的直接性的描述所获得的知识内容，都属于这一类课程的范畴。具象型课程的核心在于构建研究对象的“象”，这个“象”须经由人的感官建构起来，因此在课程学习中要充分调动人的学习感官，从而达到形神兼备的效果。对于抽象型课程来说，它主要调动和训练的是人的抽象思维或逻辑思维。抽象思维注重的是建立逻辑关系，表现为概念、判断、推理等主要形式。抽象是思维过程的一种，它与具象思维相对，是人在分析、综合和比较的基础上抽取同类事物具有的本质特征，舍弃个别的、非本质特性的思维过程[24]。可见，纯粹的抽象型课程是比较少见的，大概只有数学、哲学、逻辑学等课程。在某一专业中（数学、哲学、逻辑学等少数专业除外），兼有具象课程和抽象课程。同样地，对某一课程来说，亦兼有具象内容和抽象内容。

从认知过程来看，具象和抽象其实是一体的——它们是思维的不同阶段，具象是抽象的基础，抽象是具象的升华，它们共同促成了认知的完成。对学生来说，具象较易，抽象较难，因为具象思维仅需要发挥主体的感官功能（比如记忆、想象、联系等），而抽象思维则要在此基础上进一步发挥主体的逻辑能力。由于学生在学习风格上存在差异，有些人适合具象学习，有些人适合抽象学习，在课程教学中应注意合理设计教学方式，以拓展课程的匹配宽度，提升教与学的整体效果。

（三）第三维度：隐性—显性

课程的第三维度是隐性—显性维度，它是一种纵向维度，是教育目的和手段在课程具体实现上所呈现的不同状态。实际上，在学校的教育环境中，就一直并存着这两种状态的课程：显性课程和隐性课程。所谓显性课程，就是经过学校系统组织、规划的一系列正式课程，在学习过程中由教师明确地教授学生的课程。课程的显性也意味着明确性、系统性和相对固定性。其中，明确性体现在课程的教学目标、教学大纲、教材、教学评价标准以及相应的教学方法等环节上；系统性体现在课程的制定、运行上，受一定的标准规范和制约；课程的边界和性质还具有相对固定性，需经过一定的周期（比如2年或4年）、经由一定的程序方能修订，通常由学校或教学基层单位制定的成体系的课程都属于显性课程。

与之相对的是隐性课程，它是指在学校教育中非明确地传授给学生的知识、技能和价值观，通常在非正式的教学环境中以内隐、间接的方式促进学生潜在品质的形成。与显性课程相比，隐性课程具有隐蔽性、开放性、依附性[25]。具体说来：它在表现形式和影响方式上是潜在的，潜藏在学校的治学精神、办学理念、校园文化中；课程的隐性要发挥出来，也需要借助一定的载体，比如校园环境、规章制度、校训校规等，这体现了它的依附性。另外，隐性课程没有边界，它是广泛存在的，从学习到生活，从学校到社会，从外在到内在，都是它的容身之所。从学校文化角度来看，显性课程旨在传递文化，而隐性课程旨在重塑文化，隐性课程虽不显露，影响却颇为深远,因此成为各类院校最具特色的文化标志。

对同一门或同一类课程来说,它也具有显性和隐性的两面。其显性的一面表现在课程的授课目标、授课内容等显露性的环节上。一节课其实并不等于 40 分钟或 50 分钟,它还包含着许多潜在的东西,比如教材外的知识、课下课外的交流活动,还有为师者的言、行、表、德、品等。可以说,它们就是显性知识的言外之意、身外之教、课外之学。一门课程的深度不仅体现在它显性的一面上,同时也体现在它隐性的一面上,显性要融、隐性要彰,两者要相得益彰。

四、课程的类型

在课程的坐标系上,3 个维度将课程空间划分成了 8 个区块,按照课程重心所在的位置可以将其划分为相应的 8 个类型,它们可以被看作课程倾向的组合。为方便组合与划分,将这 6 个倾向用字母代表,令:主体主导(subject)为 S、客体主导(object)为 O,具象(concrete)为 C、抽象(abstract)为 A,隐性(implicit)为 I、显性(explicit)为 E。它们 3 个一组形成 8 个组合类型——课程类型(图 6-4、表 6-1),其中:显性课程有 4 类,分别是人文型、思辨型、事实型、数理型;隐性课程有 4 类,分别是感受型、感悟型、实践型、实证型。

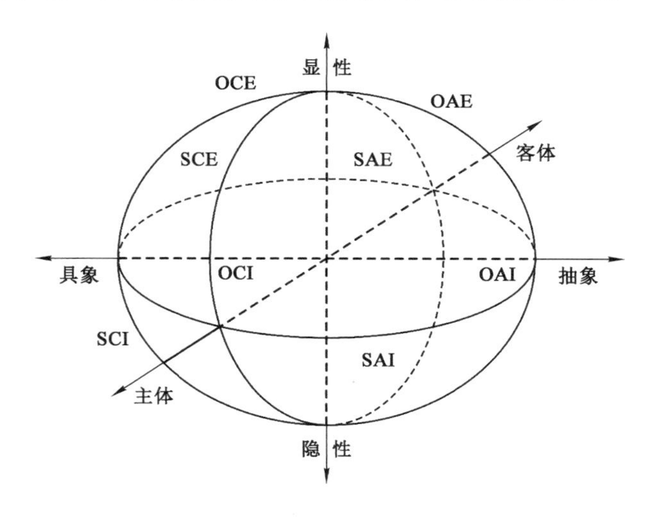

图 6-4　课程的维度与类型

表 6-1 课程的 SCIOAE 分类

显性课程	倾向	隐性课程	倾向
人文型	主-具-显 SCE	感受型	主-具-隐 SCI
思辨型	主-抽-显 SAE	感悟型	主-抽-隐 SAI
事实型	客-具-显 OCE	实践型	客-具-隐 OCI
数理型	客-抽-显 OAE	实证型	客-抽-隐 OAI

（一）显性课程

1. 人文型课程(SCE)

人文型课程的重心位于主体主导性、具象性、显性 3 个倾向上，它们是围绕在主体这个核心周围同时又具有具象性的一类正式课程。这里所说的“人文”不完全等同于“人文社科”，它源自《周易》第 51 卦——贲卦，原句为“观乎天文以察时变；观乎人文以化成天下”。“文”通“纹”，是指万事万物所呈现出来的样态，而“人文”就是人以及人类社会所呈现出来的现象、特征与规律[26-27]。所以，人文型课程就是关于人的知识体系，它是一个“大人文”的概念。

人文型课程的基本特点有：

(1) 该类课程旨在塑造人文素质与精神，即以人为本，把人作为具有主观能动性的生命体，关照人性中的精神性的因素[28]。古希腊德尔菲神庙(阿波罗神庙)镌刻着一句金字箴言，“认识你自己”。为什么要镌刻在这里？因为古希腊人认为德尔菲神庙是宇宙的中心，而这句来自圣哲苏格拉底的慧见也成了理性世界的内核。认识你自己，就意味着认识你自己的精神，从精神世界出发，并最终归于精神世界[29]。

(2) 该类课程以人之个体及人类社会的本质规定的现象和问题为研究核心。所谓“本质规定”，是人之所以为人、人类之所以为人类的根本属性。

(3) 作为显性课程，人文型课程主要研究两大方面的内容：其一是对个体的人的具象研究，比如人的求知、审美、向善的特质；其二是对人类整体的具象研究，比如教育、文化、艺术、历史等。

(4) 把教学过程看作一种情意发展过程，不强调知识体系的传播，而注重情感、情意的加深，并强调直觉、意志等非智力因素和心理状态所起的作用[28]。

(5) 该类课程还具有主观性、生动性、灵动性的特征。

人文型课程有：① 教育学门类（教育学类、体育学类），研究教育教学活动。② 文学门类（中国语言文学类、外国语言文学类、新闻传播学类），研究人类文化生成与传播。③ 历史学门类（历史学类），研究人类历史的演进。④ 艺术学门类（艺术学理论类、音乐与舞蹈学类、戏剧与影视学类、美术学类、设计学类），研究美学价值和人的审美活动。

2. 思辨型课程(SAE)

思辨型课程的重心位于主体主导性、抽象性、显性 3 个倾向上，它与人文型课程的区别在于：前者位于抽象象限，后者位于具象象限。思辨型课程是围绕主体周围，经过抽象思考加工而形成的一类正式课程。所谓"思辨"，是指在思维逻辑中间接的理论建构，而非直接的经验建构[30]。从主体现实到主体客观，分为两种思辨形式：一类是把经验的东西转化为概念，一类是把这些概念在逻辑层面上联系起来。这两种形式也可以看作一条思辨路径下的两个阶段。

思辨型课程的基本特点有：

(1) 该类课程主要训练的是人的思辨精神，这种思辨精神体现在反思、辩证、逻辑推演等方面，强调的是逻辑性或理智性[31]。

(2) 该类课程主要以抽象建构的人或人类社会为研究对象，从而将主体的经验世界上升为理性世界。

(3) 该类课程为显性，它研究两个方面的内容：其一是对个体的人作抽象研究，比如研究人的思维活动、心理活动等；其二是对人类社会作抽象研究，比如研究经济、法律、社会、管理、意识形态等。

(4) 在该类课程的教学过程中，教学的着力点放置于对主体世界和人类社会的抽离与再建的逻辑过程中，强调的是主体客观性，而非主体的感受性，通常采用分类、对比、归纳、演绎、批判、创新等思维方式。

（5）该类课程还具有一定的客观性、抽离性、艰深性的特征。

思辨型课程有：① 哲学门类（哲学类），研究人的思维现象和规律。② 经济学门类（经济学类、财政学类、金融学类、经济与贸易类），研究人类社会的经济现象。③ 法学门类（法学类、政治学类、社会学类、民族学类、马克思主义理论类、公安学类），研究人的思想与社会意识形态。④ 理学门类（心理学类），研究人的心理活动。⑤ 管理学门类（管理科学与工程类、工商管理类、农业经济管理类、公共管理类、图书情报与档案管理类、物流管理与工程类、工业工程类、电子商务类、旅游管理类），研究行业和社会的管理活动与管理规律。

3．事实型课程（OCE）

事实型课程的重心位于客体主导性、具象性、显性3个倾向上，这些倾向重叠在一起就形成了它的最具标志性的特征——对客观事实或科学事实的遵循。所谓事实，就是客体或客观世界在主观意识中的反映，在科学或学科的范畴内，它往往通过程式化的调查和试验的手段获得，并使用规范化的语言（包括图像、数据）描述、陈述、记录下来[32]。“事实”的概念在内涵上有着两种区分：客观事实和科学事实。客观事实可以看作对客体的忠实的反映，侧重于“实”；而科学事实则是在一定的理论渗透作用下获取的，侧重于“事”。“事”要验其“实”，“实”要证其“事”，两者实际是一体的——都由客体主导，由这一类事实性知识形成的课程，就称为“事实型课程”。

事实型课程的基本特点有：

（1）该类课程以实事求是的客观精神为其内核，它包含3个方面的含义：遵其实，以客观实际为标准；验其事，要将“实事”上升为“事实”并接受科学验证；求其是，不断探求客观事物的本质及其运动规律。

（2）该类课程研究的对象主要是与人类认识和改造直接相关的客体世界，包括自然存在物、人造物（如工程、机械、建筑等），还包括一类特殊的客体——人类自身（如医学）。这里要指出的是，客体主导型课程将人看作认知的对象，而主体主导型课程将人看作认知的主体。

(3) 该类课程的研究内容非常广泛,涉及对自在世界、人造世界和生命世界(植物、动物、人)的具象研究。这种具象体现在认识的阶段上,即对客观世界作外在描摹性的构象,以确保研究的客观性。

(4) 该类课程面向各类行业,在教学上更加注重实际认知与操作能力,也更加注重自身的专业独特性(具有丰富的专门性的术语),从而使学生与客体世界联系在一起,以促成客体的主导作用。

(5) 该类课程具有实体性、结构性、实践性的特征。它们往往对应着特定物质实体,在学习与研究中注重形态建构能力与动手操作能力。

事实型课程有:① 工学门类(机械类、仪器类、材料类、能源动力类、土木类、水利类、化工与制药类、地质类、矿业类、纺织类、轻工类、交通运输类、海洋工程类、航空航天类、兵器类、核工程类、农业工程类、林业工程类、环境科学与工程类、生物医学工程类、食品科学与工程类、建筑类、安全科学与工程类、生物工程类、公安技术类),研究维系人类生存与生产的各类技术性或工程性的活动。② 农学门类(植物生产类、自然保护与环境生态类、动物生产类、动物医学类、林学类、水产类、草学类),研究动植物养殖、自然环境保护、农业生产活动。③ 医学门类(基础医学类、临床医学类、口腔医学类、公共卫生与预防医学类、中医学类、中西医结合类、药学类、中药学类、法医学类、医学技术类、护理学类),研究人的生命过程与疾病防治方法。

4. 数理型课程(OAE)

数理型课程的重心位于客体主导性、抽象性、显性 3 个倾向上,这一类课程在整体上体现出显著的数理特征。在所有的理工类、经管类课程体系中,具有数理性质的课程一直是这一类专业课的公共基础课,比如数学、物理学、化学、力学等。这是因为数理知识是人类认识客观世界的逻辑工具,是一切自然科学及部分人文社会学科的基础。可以说,数理课程是主体认识客体的重要工具,也是训练主体逻辑思维能力的重要手段。“数理”的含义是:数是人的逻辑体现,而理是客观世界的本理,将客体之“理”通过抽象之“数”反映并构建出来,这就是数理型课程的目的。

数理型课程的基本特点有:

(1) 该类课程训练的是人的客观抽象思维,它在科学素质中处于核心地位。相较于主体抽象型课程,它的抽象具有某些具象的特点,体现在其符号化的语言体系中,但是这种具象建构在抽象的基础上。

(2) 该类课程的研究对象是抽象化的客观世界和客体运动,它的研究路径通常是将客体对象抽象为一定的模型,进而转化为数学等概念化的逻辑结构,使其成为进一步深入研究的“新客体”。

(3) 该类课程的研究内容涉及对自在客体世界、工程客体世界两个层面的抽象研究,与事实性课程不同的是,它的宗旨是对客体做内在逻辑关系的联结——这是一种重构,而非实构。当然,这种重构必然以实际为依据,但它是在某种研究框架下进行的,对客体的相关要素与性质有所取舍。

(4) 在教学过程中,该类课程最有效的教学方法是数学建模,它能将简单、理想、零散的数学概念问题上升为明确、系统、复杂的多学科糅合的数学问题,对专业创新教育尤为重要[33]。著名数学教育家弗赖登塔尔(H. Freudenthal)曾这样描述数学思想:“没有一种数学的思想,以它被发现时的那个样子公开发表出来。一个问题被解决后,相应地发展为一种形式化技巧,结果把求解过程丢在一边,使得火热的发明变成冰冷的美丽”[34]。将数学建模融入此类课堂教学之中,就能使这种“冰冷的美丽”重新焕发生机与活力[35]。

(5) 该类课程所具有的特征可以描述为逻辑性、严谨性、定量性等。

数理型课程有:① 理学门类(数学类、物理学类、化学类、天文学类、地理科学类、大气科学类、海洋科学类、地球物理学类、地质学类、生物科学类、心理学类、统计学类),研究自然客体的运动内在规律。② 工学门类(力学类、电气类、电子信息类、自动化类、计算机类、测绘类),研究人造物或人类衍生物的运行的内在规律。

(二) 隐性课程

在隐性的视域中,可以将课程划分为 4 类,分别是感受型课程(SCI)、感悟型课程(SAI)、实践型课程(OCI)、实证型课程(OAI)。这 4 类课程都具有隐性的特征,即它们均是在常规课程之外的课程——它们不具备常规课程的形态，可称之为“泛课程”，但同样具有常规课程的教育功能，其目的就是以无形补有形、以无形育有形。

1. 感受型课程

感受型课程的重心落在主体性、具象性、隐性这 3 个维度上。它是由具体教育环境主导而对主体进行潜在培育的一种隐性课程，通常表现在学校校园中的硬文化中，比如校园环境、设施、实物、雕塑、标语，以及其他制度性或文字性物化下来的东西。中国教育部前副部长袁贵仁指出，“大学与文化有着天然的联系，在一定意义上说，大学即文化”[36]。这是因为文化的本质就是“人化”——使人成为人的“教化”。文化具有两个功能：一个是化文，起着创造、传播、引领科技、社会文化的作用；另一个是化人，起着塑造人、熏陶人、引导人的作用。对于这一类课程而言，它是由主体与具体物之间的直接互动，从而在主观世界中形成具体物所设定的潜在育人目标。

感受型课程的基本特点有：

(1) 它以硬文化或实体文化为核心。文化并不是空气，它需要借助一定的物质性的条件才能展示、发挥出来。西安交通大学原校长王树国曾说，“硬件配套是现代大学的一个重要标志，它对学生的培养至关重要”。在隐性教育中，硬文化因素应当发挥重要的育人功能。

(2) 它的教育功能以直接的方式呈现出来，也就是说，主体可以通过感官(如观看、聆听、触摸、行动等)方式直接感受到具体实物所表达的文化内涵。

(3) 在此类课程中，主体是对物化层面内容的感知，使这类课程具有弱显性，在所有隐性课程中最具有显性特征。

2. 感悟型课程

感悟型课程的重心落在主体性、抽象性、隐性这 3 个维度上。该类课程是对软文化的一种抽象感知的过程，处于一种精神性的存在状态，集中体现在大学精神上。大学文化具有多个层次，包括观念文化、制度文化、物质文化，其中，大学精神是大学文化的内核，同时也是从大学客体抽离出来的更高一级的精神理念(图 6-5)[37]。对一所大学而言，大学之所以谓之“大”，首要原因就是精神之“大”[38]。可以从以下几个方面理解：一是自由精神。马

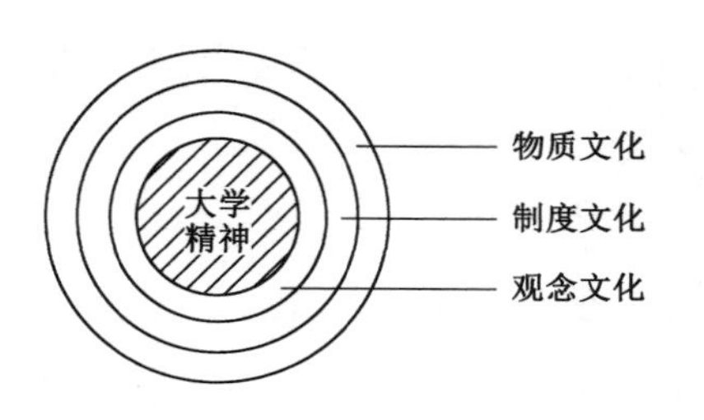

图 6-5 大学文化的层次结构

克思指出,“人类的特性恰恰就是自由、自觉的活动”[39]。因为自由是人类意识的本质体现,自由精神在大学组织中的具体体现就是追求真理。比如,洪堡在 1810 年创立德国柏林大学时就奠定了“自由三原则”,即学术自由、教学自由、学习自由;斯坦福大学的校训“让自由之风劲吹”,加州理工学院的校训“真理让你自由”,还有清华大学、北京大学所倡导的“思想自由”,这些都是自由精神的体现。二是批判精神。美国学者亨廷顿说,“大学是天生的反对派”。如何理解批判精神?大学应该是社会的一面镜子,还是一座灯塔?这种批判不是盲目的否定,而是辩证的否定,在继承中发展,在批判中创新。三是开放精神。开放是内部与外部的动态的互动、交流。纵观古今中外的优秀大学,它们的发展史就是一部部开发史、融合史。这种开放精神与学校内部的包容的格局是分不开的,比如,四川大学将“海纳百川,有容乃大”作为校训,同济大学将“同舟共济”作为校训,都体现出开放的胸襟与气度。四是超越精神。对大学而言,超越精神是大学不断发展的内生动力。这种超越体现在对学科、学制、学校的不断创生与更新上。威斯康星大学原校长范·海斯说,“如果大学的责任仅仅在于教给学生你所看到的事实真相,这是远远不够的,大学的责任还在于发展知识、发现真理……知识是发展着的、动态的,我们所知道的也绝非是尽善尽美的,哪怕是一粒沙子的结构和组成也远远超出我们现有的知识……所以,所有的知识都是不完备的,大学的责任就是推动它朝着完备的方向发展”[40-41]。另外,大学精神也是传统文化、校园文化以及时代精神相互融合的结果,据一项对“双一流”高校校训的调查统计,出现最多的词汇是“德”“勤”“创新”“求实”等。这是一个很有趣的现象，有人讲这是大学的一种同质化现象，但是这也恰恰说明了大学受到共同的传统文化和时代精神的影响。这些是大学的精神，同时也是实证型隐性课程的重要组成内容。可见，实证型课程的核心就是软文化或精神文化，它们是将学校作为客体而抽象出来的，具有一定的相对固定性。

3. 实践型课程

实践型课程的重心落在客体性、具象性、隐性这 3 个维度上，与之对应的是课程之外的“课程”。常规课程无论再广，也是有限的；而在常规课程之外，则是一片广阔的世界。因此该类课程具有很大的广泛度，应当是丰富的，也是大学区别于基础教育学校最为显著的标志，比如大学生创新创业活动、文体活动、社会实践活动等。为什么要将这一类课程归于客体主导性？这是因为这一类课程的出发点源自客体（学生），而非由外在教育环境所掌控，它在本质上是由客体具备一定的理论基础或拥有某种思想初衷，借助于一定的条件而体现出来。就大学生创业教育来说，它的目标不应该放在“业”上，而应该放在“创”上，通过创业实践活动把学生培养成为社会能动性的主体[42]。2005 年，钱学森先生对当代教育提出了一个深刻的问题：“为什么我们的学校总是培养不出杰出人才？”如何回应和破解这一问题？其关键点在于“创新”！什么是创新？创新的内涵是广泛的，它不仅包括从无中创有，也包括创旧、创优，对原有或旧有东西的改进、改造也是创新。在创新创业教育过程中，包含着 3 个核心要素，即知识内化、经验生成和意识养成。

(1) 知识内化。知识内化是对显性知识的内化，从而将显性知识转化为个体的知识系统。这需要客体在头脑中对知识进行理解与吸收，这是一个内化的过程，是关乎创新和创业教育实践成功的关键因素。

(2) 经验生成。经验生成是形成的新知识与原经验之间的关联，通过尝试性的、能动性的训练使之强化为新经验。在实践类课程的实施过程中，要引导学生积极建构、理解知识体系，以促成新经验的生成。

(3) 意识养成。校园内的创新创业教育尽管在外在上表现为似社会行为，但它在根本上遵循的是一种心理走向，是一种致力于发现新问题、探索新事物、寻求新途径的心理倾向，培养学生的创新意识是实践教育的最终目标[43]。可见，实践型课程的核心就是创新，对于创新实践活动要注意客体的主导性、能动性和创造性，这样才能出新。

4. 实证型课程

实证型课程的重心落在客体性、抽象性、隐性这3个维度上，与之对应的是课程内的“课程”。这是一个非常有意思的问题，一堂课或一门课，除了它自身显性展示的部分外，还有没有其他隐藏着的成分？1958年，英国科学家、哲学家波兰尼(M. Polanyi)提出了知识的隐性和显性形态。显性知识是能用书面文字、图表、数字、言语等具体事物表达的知识，又称言明的知识或明确的知识。隐性知识是指尚未被或未能被言语或其他形式表达的知识，是一种非明确的知识。波兰尼做了一个经典的比喻，他说，我们能够从成千上万甚至上百万张脸中认出某一个人的脸，但是在通常情况下我们却说不出是如何认出来的。这便是波兰尼的著名命题：“我们知晓的比我们能说出的多得多”[44]。在常规课堂内，也存在着大量的隐性知识，可以从3个方面来考察：第一，隐在学风，也就是课程所依托的单位组织——班级在长时间的学习过程中所形成的一些习惯、观念，呈现出具有一定理解和行为倾向的特质，学风的特质又会反过来作用于主体自身[3]。第二，隐在教风。教风是体现在任课教师身上，潜藏在他们的品格、修养或个性深处，并通过外在言行举止体现出来，从而被学生捕捉到的某些个体化的特殊信息。第三，隐在课风。对特定课程来说，它们自身也具有一定的特质，这些特质是游离于课程文本之外的，有些学者称之为内隐性知识，它们是外显性知识的弦外之音、言外之意[45]。对于这一类课程的学习，主体主要采用的是领悟式的学习方法，这种学习方法是更高层的抽象思维，能引导主体对课程知识的掌握由浅入深、由生到熟、由散到聚。这对教师的启示是，在课程之外要做必要的渲染，而在课程之内也要做适当的留白。

以上从3个维度分析了课程的6个倾向，即主体主导性—客体主导性、具象性—抽象性、隐性—显性。据此，可以将大学课程划分为8种类型，即人文型、思辨型、事实型、数理型、感受型、感悟型、实践型、实证型。需要说明的是，它们是课程的本然属性，而非应然状态。对特定课程而言，尽管它在某一坐标轴向上有所偏重，但也不能因此否定它在另一相对方向上的延展。因为课程不是平面的，它是立体的，具有一定的边界和界域。不同类型的课程要立足重心，并在三维空间上有所延展，这样才能使它在一定的范围内朝着更广、更宽、更深的方向发展。

参考文献

[1] 陈伟军. 教育学[M]. 济南：山东人民出版社，2014.

[2] 钟启泉. 课程论[M]. 北京：教育科学出版社，2007.

[3] 张楚廷. 大学教学学[M]. 长沙：湖南师范大学出版社，2002.

[4] 季诚钧，付淑琼. 大学课程与教学[M]. 上海：上海教育出版社，2018.

[5] 田慧生. 西方现代课程观评述[J]. 教育评论，1989(3)：74-76.

[6] 苏相君. 永恒主义视野下的高校英文名著阅读研究[J]. 语文学刊，2013(6)：145，155.

[7] SCHWAB J J. The practical：a language for curriculum[J]. The school review，1969，78(1)：1-23.

[8] 吕立杰. 课程内容结构化：教育现代化的议题[J]. 教育研究，2023，44(4)：57-65.

[9] 许建平，陈晶，王春艳. 基于工程教育专业认证理念的学生核心素养培养体系研究[J]. 才智，2017(26)：2.

[10] 段联合，彭建兵，雷援朝. 地质学事实和地质学理论的特点[J]. 科学技术与辩证法，1995，12(2)：19-21.

[11] 邢智波. 大学课程的哲学思考[D]. 呼和浩特：内蒙古师范大学，2016.

[12] 向黎. 研究型大学课程设置研究[D]. 成都：西南交通大学，2009.

[13] 高江勇，周统建. 大学课程改革究竟需要改什么？[J]. 中国大学教学，2018(5)：42-47.

[14] 国务院学位委员会，教育部. 国务院学位委员会 教育部关于印发《研究生教育学科专业目录(2022年)》《研究生教育学科专业目录管理办法》

的通知[Z].北京:国务院学位委员会,教育部,2022.

[15] 教育部.教育部关于公布2022年度普通高等学校本科专业备案和审批结果的通知[Z].北京:教育部,2023.

[16] 冯建军,周兴国,梁燕冰,等.教育哲学[M].武汉:武汉大学出版社,2011.

[17] 何婧.我国大学本科课程结构探析[D].大连:大连理工大学,2014.

[18] 中国大百科全书总编辑委员会.中国大百科全书[M].北京:中国大百科全书出版社,1993.

[19] 谷声然.人文精神的内涵探析[J].西华师范大学学报(哲学社会科学版),2010(1):78-82.

[20] 伍辉燕.当代人文社科类课程"科学化"倾向及去"科学化"路径探索[J].教育探索,2015(1):57-59.

[21] 蓝波涛,陈淑丽.高校自然科学类课程中蕴含的思想政治教育资源及其功能发挥[J].教学与研究,2020(4):96-103.

[22] 卢维良,李航.成人高等教育课程设置的影响因素[J].中国成人教育,2016(1):105-107.

[23] 陈学迅.论形象思维的定义及其基本思维形式[J].新疆大学学报(哲学社会科学版),1987(1):81-89.

[24] 向文虎.试论抽象过程及其特征的创造性[D].昆明:云南师范大学,2018.

[25] 苏立坡,商建辉,曹凯锋,等.高校隐性课程的特征研究[J].产业与科技论坛,2013,12(5):213-214.

[26] 吴宁.《周易》之"文":以《贲》卦为中心[J].中国哲学史,2019(2):31-37.

[27] 刘锦玲.人文素质之思:涵义、表现形式与形成规律[J].辽宁工程技术大学学报(社会科学版),2011,13(6):572-574.

[28] 单永志.人文教育:发展性课程的特点之一[J].河南工业大学学报(社会科学版),2005,1(2):65-66.

[29] 维柯.论人文教育[M].王楠,译.上海:上海三联书店,2007.

[30] 张宗艳. 知性范畴与思辨概念[J]. 哲学研究,2014(12):75-80.
[31] 任辉. 古希腊哲学思辨和人文精神探源[J]. 毕节师范高等专科学校学报,2005,23(1):28-31.
[32] 徐继山. 地质学中的真伪之辨[D]. 西安:长安大学,2009.
[33] 彭江涛,孙芳. 基于专业特点的概率论与数理统计课程教学方法探讨[J]. 数学学习与研究,2016(13):8,11.
[34] 张奠宙,王振辉. 关于数学的学术形态和教育形态:谈"火热的思考"与"冰冷的美丽"[J]. 数学教育学报,2002(2):1-4.
[35] 刘玉琳. 在专业课教学中培养大学生数学建模能力研究[J]. 安徽工业大学学报(社会科学版),2014,31(4):116,118.
[36] 袁贵仁. 加强大学文化研究 推进大学文化建设[J]. 中国大学教学,2002(10):4-5.
[37] 寿韬. 大学校园文化的设计与实践[M]. 北京:中国林业出版社,2004.
[38] 张立学. 大学精神的哲学审思:兼论当代中国大学精神的时代内涵[J]. 文化软实力,2019,4(3):56-62.
[39] 马克思,恩格斯. 马克思恩格斯全集(第四十二卷)[M]. 中共中央马克思、恩格斯、列宁、斯大林著作编译局,译. 北京:人民出版社,1979.
[40] CURTI M, CARSTENSEN V. The University of Wisconsin: A History, 1848—1925 [M]. Madison: The University of Wisconsin Press,1949.
[41] 杨艳蕾. 超越大学的围墙:"威斯康星理念"研究[M]. 北京:中国社会科学出版社,2015.
[42] 张项民. 创业教育与专业教育耦合研究[M]. 北京:科学出版社,2013.
[43] 石丽,李吉桢. 高校创新创业教育:内涵、困境与路径优化[J]. 黑龙江高教研究,2021,39(2):100-104.
[44] 付建中. 教育心理学[M]. 北京:清华大学出版社,2010.
[45] 郑宝生,张小荣. 开发内隐性课程资源 提高课堂教学有效性:函数单元复习课的改进与思考[J]. 中学数学研究,2021(3):5-7.

第七章 育人育才融合专业观

如何通过专业教育实现对人的全面教育，是专业建设工作中所要思考的一个基本问题。教育，从一开始就是以讲授专业性的知识与技能为主要任务的社会活动，比如，中国古代的“六艺”（礼、乐、射、御、书、数），古罗马时期的“七艺”（文法、修辞、逻辑、算术、几何、天文、音乐）[1]。所谓博雅教育，其实也是一种泛化了的或交融了的“专业”教育，只是这种专业性还不具备现代工业文明所赋予的成熟特质。

关于教育的目的和功能，一直以来就存在着社会中心论和个体中心论两种不同的观点。实际上，两者之间并非截然对立，而是一种在实现过程上的“先与后”或“主与次”的不同。在《再论教育目的》一书中，当代英国教育学家怀特(J. White)说，“教育，始终不能回避一个问题，即，我们的社会应该像什么”，它体现了教育的终极目的，即，个体（公民）与社会的完美统一；而教育的作用就是要提供“理性的规范判断的源泉”[2-3]。需要说明的是，这个源泉是多样的、具体的、动态的，各类专业建设与改革的最终宗旨，正是为了实现这一教育目的。

所谓“教有所专，育无止境”，专业教育的终极是关于人的全面教育，而全面教育则必然以专业教育为依托。也就是说，专业教育的最终目的，不是要将人造就成符合某种行业标准或具有某种专业技能的人，而是要通过专业技能的培育，使人成为真正意义上的人。

一、专业教育的问题

当前，在高等教育的教学生态中存在诸多问题，可概括为8个“不”，即理念不清、关系不顺，形式不新、内容不丰，动力不强、兴趣不大，实施不深、评价不力。究其原因，是因为教育是无形的，而教学是有形的，在无形和有形的对接之间，不恰当、不创新、不走心的课程设计和课程实践，造成了“教”和“育”的分离。

（一）理念层面

什么是专业？应当采取什么样的专业观对待专业教育？有些研究者站在学生个体的角度，认为专业即职业，因为学生进入大学阶段学习，其直接目的就是获得相应的专业知识与技能，以满足未来生活和发展的需要，因此要在专业教育中协调处理好专业与职业、专业与事业之间的关系[4]。还有一些研究者从社会角度出发，认为专业是社会化大生产、大分工的结果，自然地，专业教育就要面向行业、服务行业，同时也要适应行业的发展。实际上，专业教育之所以面临诸多困难，根源就在于专业的内涵是综合的、复杂的、变化的，它是个体发展、学科划分、社会需求叠合的产物。专业发展的终极目的在于实现教育，从“教”到“育”，必然要考虑各种因素的制约。

（二）课程层面

专业课程是支撑专业教育的具体载体。不过，专业与专业之间的界限很容易带来课程之间的边界感，造成课程相对静止或相对封闭的存在状态。其表现有两个方面：一是形式不新。教学形式产生于教学一线，受学生学习需求的个性化以及外部环境（如教学技术、设备、方法、理念等）多元化的影响，教学形式发生着许多变革。而课程形式，尤其是专业类课程也受制于各类行业的影响，但由于课程体系的修订具有特定的、相对较长的周期性，如2年或4年，且前后体系要求具有继承性，因此造成课程在表现形式上相对陈旧。二是内容不丰。课程内容的更新需要经过一系列过程，以工科专业为例，它来源于工程实践或现场试验，经过长期的、反复的验证而上升为学科研究成果，再从学科（单一学科或多个学科）成果经过进一步提炼、概括、总结，上升为专业知识而稳固下来。因此，课程知识内容的更新不仅滞后于工程实际,也在信息量上少于工程实际。在课程的设置、修订与实施的过程中,尤其要注意到这些问题。

（三）师生层面

从主观因素来看,专业教育的两大主体——教师和学生,他们所组成的共同体也存在着一些问题,影响着教育功能的发挥。教学动力是由教学主体(包括教师和学生)自身以及教学内外部诸种矛盾的产生,推动教学过程运行与发展,以实现教学目标的无数分力融汇而成的合力[5]。教师的教学动力来自两个方面:内驱力和外驱力。内在动力源由教师的职业价值观、专业成就、社会认可等因素促成,外在动力源由教师个体所处的外在的工作、生活条件构成,主要体现在社会环境、学校环境等方面[6]。对教师职业认知不足、理想信念弱化、考核与评价不当,都可能造成教学动力不足的情况。学习兴趣是学习者倾向于认识、研究、参与获取某一知识或学科的积极的心理倾向,它是形成学习主动性、自发性和积极性的源泉[7-8]。对于高等教育而言,学习兴趣的核心就是对专业的学习兴趣,它的产生遵循着“接触—探索—失败—成功—成就感”的过程,体现在学生的学习观、专业观、成才观上。学生对自我、专业认知上的偏差,以及课程设置与教学方法的不合理,都可能会造成学生对专业兴趣的缺失,产生学习倦怠等消极问题。

（四）体系层面

专业人才培养与教育工作是一个系统工程,教育管理主体比较侧重于对专业人才培养体系的制定,而在实施和评价环节上相对较弱。实际上,制定培养体系只是一个开端,大量的工作发生在实施环节中,包括教务行政管理与教学过程管理等。教学过程管理涉及教学的各个方面,如学期计划、课程排定、教学组织、学情监管、课程评价、经验交流、档案管理等,教务行政管理是教学有序、高效进行的外部保障[9]。长期以来,各高校教管主体受制于“模式化”管理观念,从模式到模式,并没有深入研究相关管理模式的适用性和科学性,而使实施效果不够深入。另外,对于教育工作而言,评价与反馈是最后一个至关重要的环节,它的形式有许多种,比如教学评价、课程评价、专业评价、素质评价、管理评价等,涉及教育政策、任务、计划的执行情况,甚至包括对教学环境、校园文化等外在因素的评价[10]。评价机制对教学、教育工作起着反馈性的指导作用。许多高校现行的评价机制,缺乏对其客观性、准确性、可信度等方面的研究,使其功能未能全力发挥出来。教育是一项非常复杂的活动,由于无法充分解释各因素之间的确定性关系,因此,不能片面追求定量的或定性的结果,应当将两者以恰当的方式结合起来。

二、专业认证的理念

近年来,工程教育认证的理念已广为人知,成为理工类专业改革与建设的一个重要抓手。通过专业认证,可以梳理专业教育的内部与外部矛盾,从而带动专业健康、有序发展。该理念起源于 1989 年国际工程专业团体发起成立的《华盛顿协议》,其宗旨是通过多边认可工程教育资格,促进工程学位互认和工程技术人员的国际流动。2013 年,我国成为该协议的正式缔约成员国。实际上,它是一种专业主义思想的体现,表现为专业化、可控化和标准化的特点[11]。它由 3 个核心理念构成,即“成果导向(OBE)、以学生为中心、持续改进”。这里的“成果”是指学生所获得的成果,它是教育的出发点;学生是一切教育工作的核心;持续改进则是保障性的因素[12-14]。

不同国家对学生学习成果的标准和要求各不相同,对各项能力的重视程度也有所差异。按照《华盛顿协议》,国际工程联盟划分了 12 条毕业生素质,但未对其作出阐释,它只是一种指导性的框架。我国自 2016 年以来,制定并修订了多版《工程教育认证标准》,进一步细化和阐释了这些指标,使其具体化、明确化,并要求其具有较好的支撑度、覆盖度和可衡量性[15-16]。

1. 工程知识

该指标的要求是:能够将数学、自然科学、工程基础和专业知识用于解决复杂工程问题[17]。工程知识是专业教育的基础,也是理工科教学的核心内容,它由 3 个方面构成,即数理知识、自然科学知识以及专门性知识。它们的差别体现在所揭示的物质世界或工程世界的层次上——数理性的课程在于揭示数理关系,自然科学课程在于揭示一般自然规律,而专业课程所揭示的是专门研究对象的具体性质与规律。各类课程其实都是为专业教育服务,因此,应当围绕专业知识设计和讲授,体现出不同深度、不同层次的递进关系。

2. 问题分析

该指标的要求是:能够应用数学、自然科学和工程科学的基本原理识别、表达并通过文献研究分析复杂工程问题,以获得有效结论。一切学科和专业都是围绕相应的科学问题所建立起来的。复杂性是现代工程问题的本质特征,复杂是相对于简单而言的,可以将“复杂工程问题”定义为“包含技术要素与非技术要素、融合多学科知识、由诸多子问题组成的工程问题或新兴问题”[18-19]。解决问题的步骤分为识别和判断问题、表达问题、寻找方法和方案、分析问题,最后得到有效结论。以工程地质问题为例,首先要判别具体工程问题,了解其地质环境和地质条件;其次,要采用调查、测绘或工程地质手段(如物探、钻探)进行勘察,以了解更为具体的地质特征;再次,利用定性或定量的方法建立模型;在此基础上,结合相关资料文献,利用工程地质原理进行分析,从而完成分析工作[20]。

3. 设计/开发解决方案

该指标的要求是:能够设计针对复杂工程问题的解决方案,设计满足特定需求的系统、单元(部件)或工艺流程,并能够在设计环节中体现创新意识,考虑社会、健康、安全、法律、文化以及环境等因素。与“问题分析”指标不同,该指标强调的是对具体解决方案的设计与开发,是在提出初步策略之后的进一步延伸,或针对特定需求而进行的具体方案设计。比如,针对某滑坡的主动治理措施,设计并计算抗滑桩的各种参数,设计实施或操作的具体流程(工艺)。需要注意的是,对复杂工程问题的解决应当采用综合、系统、联系的观点,不能仅就问题谈问题,应将工程问题置于真实的、广阔的环境(如自然环境、人文环境、社会环境)中去,将自然、社会、人文等因素综合考虑进来,从而更好地、创造性地解决实际问题。

4. 研究

该指标的要求是:能够基于科学原理并采用科学方法对复杂工程问题进行研究,包括设计实验、分析与解释数据,并通过信息综合得到合理有效的结论。科研训练是提高大学生科研能力、创新意识、创新能力及综合素质的重要途径之一，是本科创新人才培养的重要组成部分[21]。这里所谓的“研究”就是一种科学性的研究，分析是从理论到问题，而研究是从问题到理论。“研究”的步骤或内容是：调研、设计试验方案、采集数据、分析和解释，从而得到合理、有效的结论。在本科阶段，应重视对大学生科研能力和科研素质养成机制的培育，可以通过理论课、实习与实验、创新教育及其他科研训练等环节获得[22]。其中，理论课重在培养其科研思维，实习与实验课重在训练其科研能力，而其他实践课重在综合训练其科研素质。

5. 使用现代工具

该指标的要求是：能够针对复杂工程问题，开发、选择与使用恰当的技术、资源、现代工程工具和信息技术工具，包括对复杂工程问题的预测与模拟，并能够理解其局限性。对于理工类专业而言，专业之间的差别显著体现在所使用的工具及其使用方式上。工具是人认识和改造客观世界的手段介质，对现代工具的偏重是现代科学区别于古典科学的一个重要标志。从本质上讲，工具的现代性并不等于先进性或新近性，而是数学上的可计算性、逻辑上的形式化和机械上的可操作性[23]。现代工具包括技术、资源、现代工程工具和信息技术工具(包括预测和建模工具)。需要学生了解现代工具，并能够使用相关硬件和软件，甚至能够组合选配、改进或二次开发工具，从而满足特定需求。使用现代工具的意义在于，它把研究主体与研究手段分离，并能够联系与工程问题有关的技术、资源、信息等因素，使研究客体尽可能地保持其客观性、全面性、深刻性。同时，也要深刻理解工具主义自身的局限，因为它是科技发展的结果，具有一定的历史性和阶段性，在探知、描摹客观对象或预测客观现象上，存在着一定的误差和不确定性。工具是人的工具，无法代替人的思考，在对复杂工程问题的分析和研究中应当充分发挥人的主观能动性。

6. 工程与社会

该指标的要求是：能够基于工程相关背景知识进行合理分析，评价专业工程实践和复杂工程问题解决方案对社会、健康、安全、法律以及文化的影响，并理解应承担的责任。这里的“工程相关背景”是指专业工程项目的实际应用场景，应针对工程项目的实施背景，有针对性地应用相关知识评价工程项目对这些外在因素（社会、健康、安全、法律、文化等）的影响。工程与社会的关系体现在3点：第一，工程活动是一种系统的建构活动，需要从整体上考虑工程活动可能引发的社会影响，包括积极的和消极的影响；第二，工程是社会发展到一定程度的产物，需要考虑其历史和文化上的适应性；第三，工程活动具有很强的实践性，归根到底是为人服务的，也是由人触发的，要考虑到人身健康、工程安全等方面的问题。学生应在了解相关领域的技术指标体系、知识产权、产业政策和法律法规的基础上，才能对具体工程实施情况进行分析与评价。

7. 环境和可持续发展

该指标的要求是：能够理解和评价针对复杂工程问题的工程实践对环境、社会可持续发展的影响。所谓“可持续发展”，就是既满足当代人的需求，又不损害子孙后代满足其需求能力的一种发展理念。该理念体现了3个原则，即公平性、持续性、共同性[24-25]。从工程的视角来看，该指标又包含着两层含义：在空间上，工程是对自然客体的建造与改造，其复杂性体现在它与外在环境之间的互馈作用上，现代土木工程正在朝着更大、更深、更广的方向发展，比如，修建一座大型水库，要考虑对区域地质环境、生态环境的影响；在时间上，工程是具有相对较长的建造周期和服务寿命的，因此不仅要考虑当代人的眼前利益，还要考虑后代的长远发展。要求学生知晓和理解可持续发展的内涵，能够站在环境、生态和社会的可持续发展的角度思考工程实践，评价在工程周期中可能对人类和环境所造成的损害和隐患[16]。

8. 职业规范

该指标的要求是：具有人文社会科学素养、社会责任感，能够在工程实践中理解并遵守工程职业道德和规范，履行责任。职业规范作为工程教育中一项重要的非技术能力，在工程人才培养和学生就业发展中发挥着至关重要的作用[26]。该项指标可以从3个方面来理解：一是人文社会科学素养，它是形成道德素质的基础，要求学生具备正确的价值观，能够正确理解个人与社会之间的关系，了解中国国情；二是工程职业道德和规范，要求学生理解公平、公正、诚实、守信的职业道德,能在工程实践中自觉遵守职业规范;三是社会责任,要求学生理解工程师对公众的安全、健康和福祉,以及环境保护的社会责任,能够在工程实践中自觉履行责任。

9. 个人和团队

该指标的要求是:能够在多学科背景下的团队中承担个体、团队成员以及负责人的角色。之所以强调多学科背景,是因为工程项目的研发和实施通常涉及不同学科领域的知识和人员,即便是某学科或某领域内的工程,在后续工作中也需要在多元化的团队中共事。因此,对于工程实践而言,个人与团队的合作无疑是非常重要的,它是另一项重要的非技术能力指标。可以从两个方面理解个人与团队之间的关系:一方面,个人是团队的个人,即,在团队中作为个人、成员、领导者,或独立或合作或组织、协调和指挥团队开展工作;另一方面,团队是个人的团队,多学科背景的团队成员能够有效沟通、合作共事,形成真正的团队[27]。这就要求学生:一要能与其他学科的成员有效沟通、合作共事;二要能够在团队中独立开展或合作开展工作;三要能够组织、协调和指挥团队开展工作。

10. 沟通

该指标的要求是:能够就复杂工程问题与业界同行及社会公众进行有效沟通和交流,包括设计文稿、撰写报告、陈述发言、清晰表达或回应指令,并具备一定的国际视野,能够在跨文化背景下进行沟通和交流。工程师应具备良好的沟通能力,就一个工程项目而言,参与者、参与部门众多,需要工程人员在工程活动的各个环节中做好充分沟通、交流工作,以避免技术壁垒、利益冲突、信息阻滞等不良现象所带来的潜在问题[28]。工程的全球化也促使工程师的工作空间大大扩展,需要跨地域、跨学科、跨文化之间的交流。沟通能力包括口语(中文、外语)表达能力、书面表达能力,以及相应的技巧和素质。

11. 项目管理

该指标的要求是:理解并掌握工程管理原理与经济决策方法,并能在多学科环境中应用。工程是以项目的形式实现出来的,项目管理的主要任务就是综合运用相关知识、技能、工具和技术来满足相应的项目需求。工程管理其实是一种按照工程项目或产品的设计和实施的全周期、全流程的过程管理，包括涉及不同学科交叉的多任务协调、时间进度控制、相关资源调度、人力资源配备等内容。经济决策方法是指对工程项目或产品的设计和实施的全周期、全流程的成本进行分析和决策的方法[16]。要求学生具备一定的项目管理能力，能够更好地了解工程项目的启动、规划、实施、监视、控制、结束等各个方面的工作，扩展学生对工程的认知广度，这也是潜在地培养高层次人才的重要指标。工程技术人才的管理素质包括工程管理能力、经济分析能力、创新创业能力等多个方面[29]。

12. 终身学习

该指标的要求是：具有自主学习和终身学习的意识，有不断学习和适应发展的能力。该项指标强调终身学习的能力，是因为学生未来的职业发展将面临新技术、新产业、新业态、新模式的挑战，学科专业之间的交叉融合将成为社会技术进步的新趋势，所以学生必须建立终身学习的意识，具备终身学习的思维和行动能力。可从以下角度把握该指标的内涵：一是终身学习意识，能在社会发展的大背景下，认识到自主学习和持续学习的必要性；二是终身学习思维，具备一定的理论学习思维和实践学习思维；三是终身学习能力，具备在工作中运用适当的学习策略，获取和应用新知识的能力。

三、课程思政的理念

课程思政既是一种教育观，也是一种课程观，它主要是以非思政课程为主要载体，在专门性知识传授过程中将思想政治教育元素（包括思想政治教育的理论知识、价值理念以及精神追求等元素）融入进来，从而潜移默化地对学生的思想意识乃至行为举止产生影响的一种育人理念或育人形式[30]。在发挥状态上，课程思政与思政课程是一种隐性教育与显性教育的关系，两者同向同行、协同发力。正所谓“如盐入汤”，实施课程思政的关键在于“融合”——必须将价值塑造、知识传授、能力培养三者融为一体，才能有效化解育人、育才各自为战的矛盾困局[31-32]。相较于人文社科类专业，理工类专业处于思政课程体系的远缘位置，需要着眼于顶层设计，并从专业建设的中观层面构建课程思政体系，从而在具体实施模式和运行机制上确保其融合性、完整性、有机性。以下从8个方面分析在课程思政实施过程中需要把握的具体要点。

1. 时代思想

中国共产党经历了百年历程，它之所以能够在艰难困苦中不断创造新的辉煌，很重要的一个原因就是坚持马克思主义中国化和时代化，坚持理论创新并自觉地用以武装自身[33]。党的基本理论就是党在自身建设、治国理政中所形成的历史经验总结和理论创新成果，需要长期地坚持和发展。第一，要在课程中继承、贯彻和发扬马克思列宁主义、毛泽东思想、邓小平理论、“三个代表”重要思想、科学发展观、习近平新时代中国特色社会主义思想[34]。第二，坚持党对一切工作的领导，在各项教学工作中把“四个意识”落实到一言一行上，体现在本职工作中[35]。第三，坚持以人民为中心，引导学生把人民对美好生活的向往作为奋斗目标，把最广大人民的根本利益实现好、维护好、发展好[36]。

2. 国家战略

当今世界正在经历百年未有之大变局，教育之大变局亦相伴而生，在“变”中包含着机遇和挑战两个方面。中国教育想要以不变应万变，就要不断拓宽各类专业人才的眼界，提升其审视世界的眼光、眼力。第一，要注重培养学生的国际视野，树立正确的国际观，正确认识当前国际形势的发展、我国取得的历史成就以及未来国家发展面临的机遇和挑战[37]。第二，积极应对新一轮科技革命，坚定不移地贯彻创新、协调、绿色、开放、共享的新发展理念[38]，加快发展新质生产力。第三，注重培养文化自信意识，在跨文化背景交流中积极接纳外来文明的优秀成果，并将中国优秀传统文化、红色革命文化以及社会主义先进文化传播给世界[39]。第四，积极响应和推动人类命运共同体建设，维护世界和平发展[40]。

3. 家国情怀

家国情怀是中华民族优秀传统文化中最宝贵的文化基因和精神财富，

同时也是习近平新时代中国特色社会主义思想的重要议题[41]。家国情怀是主体对共同体(家庭、社会、国家乃至世界)的一种文化认同,并由此而发展形成的归属情感和融通观念[42]。第一,要大力弘扬爱国主义精神,努力践行社会主义核心价值观。在专业教育中通过标志性工程和典型人物,引导学生厚植爱国主义情怀,扎根人民,报效国家,为实现中华民族伟大复兴的中国梦而努力奋斗[43]。第二,坚持改革开放,将全面深化改革进行到底。以"一带一路"等一系列国家战略需求为导向,坚持引进来和走出去并重,遵循共商、共建、共享原则,形成全面开放的新格局[44]。第三,积极投身生态文明、美丽中国建设。树立尊重自然、顺应自然、保护自然的生态文明理念,正确认识工程建设、经济发展和生态环境保护的关系[45]。

4. 大学文化

在长期办学实践的基础上,大学自身经过内在沉淀与外部促生逐步形成了一种相对独立的、非实体性的精神形态,即大学文化[46]。大学文化包括大学自身的办学理念、大学精神、教学风气等内容,潜在影响着大学的教育质量、建设格局和发展方向[47]。以中国矿业大学地质类专业为例,可以从3个层面把握住其精髓:第一,要秉承"自强不息、艰苦奋斗、追求卓越"的矿大精神,好学力行,求是创新,努力培养德智体美劳全面发展,能够引领科技创新、行业发展、社会进步的栋梁之材[48-49]。第二,要秉承"工报救国、争创一流"的越崎精神,以卓越教育为目标,教育引导学生将"开发矿业、开采光明、建设祖国、造福人类"作为自己的崇高使命,培养基础宽厚、视野开阔、潜质突出、具有国际竞争力的学术精英和拔尖人才[50]。第三,要继承和发扬地质先行精神、李四光精神、何长工精神、大光精神、"三光荣"精神等一系列中国地质精神,增强学生投身地质建功立业的行业使命感和责任感[51]。

5. 科学精神

科学精神是不同行业的科技工作者在自然科学探索、研究过程中形成的具有共性的优良传统、认知方式、行为规范和价值取向,表现在追求真理的探索精神、求证与质疑的钻研精神以及遵循科学规律办事的工作精神等诸多方面，它具有抽象性和一般性。广义的科学精神还包括科学家精神，科学家精神则是科学精神在优秀个体上具体而生动的体现，它与爱国精神、创新精神交融在一起，形成了以“科技报国”为核心的具有中国特色的科学家精神[52-53]。科学精神可以从科学思维和学科历史两个方面培育：第一，注重科学思维方法的训练，将辩证唯物主义的思维方法与学科知识结合起来，培养学生探索未知、追求真理、勇攀科学高峰的思维力。第二，注重各学科历史知识的传授，引导学生树立历史唯物主义的学科观[54]。

6. 职业伦理

职业伦理则是人们在社会生产过程中对于具体从业规范所形成的普遍价值观念、规范体系和主体品质的总和[55]。理工类专业往往具有鲜明的行业指向性，通过职业伦理教育能够更好地强化专业与行业之间的联系。第一，引导学生树立正确的劳动价值观，培养“崇尚劳动、热爱劳动、辛勤劳动、诚实劳动”的观念，以正确的工程观认识和改造客观世界。第二，弘扬劳模精神和工匠精神，深化职业理想教育，提高学生服务国家、服务人民的社会责任感，以及勇于探索的创新精神和爱岗敬业的担当意识。第三，引导学生深刻理解并自觉践行相关行业的职业伦理和职业规范，不断加强自身的职业道德修养，培养遵纪守法、爱岗敬业、无私奉献、诚实守信、公道办事、开拓创新的职业品格和行为习惯[32]。

7. 法治素养

法治是国家治理体系和治理能力的重要依托，全面依法治国是新时代坚持和发展中国特色社会主义的重要保障，提高全民的法治素质则是推进依法治国的基本要求。如何提升大学生的法治素养？这要求专业类课程与法治类课程形成合力，共同引导学生牢固树立法治意识和法治观念，坚定走中国特色社会主义法治道路的理想信念。更重要的是，要通过对与本行业相关的法律、法规知识的讲解，深化学生对法治理念、法治原则、重要法律概念的认知，提高其运用法治思维和法治方式维护自身权利、参与社会公共事务、化解矛盾纠纷的能力，知法、懂法、守法，做一名遵纪守法的社会主义公民[56]。

8. 人文素养

人文素养是人在社会化过程中完成自我塑造的核心素质，包括人的品格、气质、修养、行为、情趣等个体化素质，也包括道德观念、价值观、世界观等社会化素质，这些人文素养对其他素质的形成与发展起着潜在而深远的影响[57]。在专业教育中应借助通识教育和美育的理念，提炼和挖掘专业课程中的人文元素，引导学生从人文—社会科学视角审视学科和行业发展，培育起健全而优良的人格气质、文化品位、审美情趣、心理素质、人生态度、道德修养等综合素养[32,58]。

四、育人育才融合模式

对专业认证体系（育才指标）和课程思政体系（育人指标）的划分是为了更好地融合。以地质工程专业为例，可构建为“育人育才融合模式”，即两纲统一、两课同行、两制并用。

（一）两纲统一

将专业培养方案与教学大纲（课程质量标准）统一起来，修订并完善专业培养方案、课程教学大纲等纲领性方案。在培养目标的制定上，进一步提炼办学理念、育人理念，以及专业人才培养的理念。各办学主体的理念是不同的，应体现自身特色，现以中国矿业大学为例，作具体说明。

1. 学校理念

学校理念是学校在长期办学历史中积淀、形成的思想原则，具有高度概括性。中国矿业大学在百年发展历史中，逐渐形成了“两学两优”的办学理念，即“学而优则用、学而优则创”。该理念体现了以学生为中心的办学理念，其中，“用”和“创”是对学生应用能力、创新能力的方向性的指引，而“优”则体现了“好学力行、求是创新、艰苦奋斗、自强不息”的矿大精神。因此，贯彻和落实学校的办学理念，就是实施课程思政理念的立足点和出发点。

2. 学院理念

学院是大学主体的二级单位，具有承上启下的作用。一般它由多个专业系所或试验平台构成，其理念兼具概括性和具体性。中国矿业大学资源与地球科学学院的办学理念可概括为“三具五有”,即:面向地质行业发展,全面培育具备厚基础、强能力、高素质,拥有家国情怀、创新精神、实践能力、人文精神、国际视野,“德、智、体、美、劳”全面发展的、能够解决复杂工程问题的工程技术卓越人才,从而将价值塑造孕育在知识传授、能力培养的每一个环节中。

3. 专业理念

专业系所(教研室)是专业教育最基层的部门,承担着最具体的教育教学任务,专业理念应具有具体性或基础性。地质工程系的专业理念可概括为“精通卓越”,即,精于事、通于识、卓于师、越于时。具体说来,就是要:从“美丽中国、宜居地球”的广阔视野,构建系统地球观、工程技术观、能源资源观;通过培养,使学生具备自然科学、工程技术和人文社会科学的素养,系统掌握地质工程专业基础知识,掌握工程地质与岩土工程、钻掘与非开挖工程、智能地质工程、地热勘查与开发工程等方向的基本理论、方法和技能,具备分析和解决复杂地质工程问题的能力,能够运用现代技术手段在地质工程勘察、设计、施工、监测监理、钻掘工程和地质灾害防治工程等领域从事生产、管理和科学研究工作,精通各项专业理论知识与技能,能够为新时代工程建设和经济社会发展做出卓越的贡献。

(二)两课同行

“两课”即专业课程与思政课程,要处理好专业课与思政课之间的关系,专业课是教育的“体”,思政课是教育的“魄”,两者要相互融合、同向同行。思政内容融入专业课教学既能促使专业课教学回归价值理性,又能丰富专业课的内容,使专业教育更加有深度、有力度、有温度[59]。同时,专业课也能注入思政课以专业知识和科学精神。两课的交融渗透和协同配合也打破了学科隔阂和壁垒,有利于高校形成团结合作的良好育人环境[60]。站在专业课的视角上,在制定具体课程大纲时,需要注意以下3点。

1. 课程目标

课程的总目标由3个部分组成,即知识目标、能力目标和素质目标。这些目标是层层向外延展的:专业知识是基础,以课程的基础性、原理性的知识点为主；专业能力是目标，主要体现为分析、计算、评价、设计、研究、应用等方面的能力；专业素质是更高级的目标，是在对课程学习的基础上所感受或感悟到的精神、理念，由此而内化成的个体品质。

课程的指标由两个部分构成，即育才指标和育人指标。以地质工程专业为例，可将育才指标划分为 12 个大指标、36 个分指标（表 7-1），将育人指标划分为 8 个大指标、20 个分指标（表 7-2）。每一门课程都分别对应着一定的育才指标和育人指标，这样，整个课程体系就完全覆盖了所有的指标。需要说明的是，育才指标的支撑度分为 3 个强度，分别为高度、中度、低度；育人指标属达标性考核指标，所以不宜划分强度等级。

表 7-1 中国矿业大学地质工程专业毕业要求细化指标

课程名称	1 工程知识				2 问题分析			3 设计/开发解决方案			4 研究			5 使用现代工具			6 工程与社会		
	1.1 数学知识	1.2 科学知识	1.3 工学知识	1.4 专业知识	2.1 辨析能力	2.2 表达能力	2.3 解决能力	3.1 方案设计	3.2 方案比选	3.3 方案优化	4.1 试验设计	4.2 数据获取	4.3 特征分析	5.1 一般工具	5.2 工程工具	5.3 专门工具	6.1 行业规范	6.2 工程责任	6.3 社会影响
课 A			L	H									M						
课 B				H	M	L												L	
课 C		L			L	M	M	H	M	M							M	L	L
…																			

课程名称	7 环境和可持续发展			8 职业规范			9 个人和团队			10 沟通			11 项目管理			12 终身学习		H为高度支撑；M为中度支撑；L为低度支撑
	7.1 相关理念	7.2 相关法规	7.3 相关影响	8.1 工程文化	8.2 职业道德	8.3 社会责任	9.1 角色承担	9.2 协同工作	9.3 组织工作	10.1 行业交流	10.2 跨行交流	10.3 国际交流	11.1 相关原理	11.2 相关方法	11.3 工程运用	12.1 学习意识	12.2 学习能力	
课 A			L				L	L										
课 B	L		L															
课 C										M			L	L				
…																		

表 7-2　中国矿业大学地质工程专业课程思政细化指标

课程名称	1 时代思想			2 国家战略				3 家国情怀			4 大学文化			5 科学精神		6 职业伦理			7	8
	1.1	1.2	1.3	2.1	2.2	2.3	2.4	3.1	3.2	3.3	4.1	4.2	4.3	5.1	5.2	6.1	6.2	6.3		
	指导思想	党的领导	人民中心	国际视野	改革理念	发展理念	美丽中国	爱国精神	文化自信	命运共同体	矿大精神	越崎精神	地质精神	科学方法	学科历史	价值塑造	社会责任	职业道德	法治素养	人文素养
课 A	★	★	★				★		★	★										
课 B				★	★	★					★	★				★	★			
课 C								★					★	★	★			★	★	★
…																				

2. 课程内容

受外在条件(如学时、学分、场地)及主观因素(如学习时长)的制约,课程的容量总是有限的,因此,对课程的修订要兼顾内容与课时。修订课程是一个长期的过程,以“工程地貌学”这门课程为例,可以从多个方法设计和修订课程[61]:一可添新,为课程增加新的内容。随着新时代工程建设的蓬勃发展,人工活动对地貌的改造作用越来越强,可适时增加“人工地貌”章节。另外,该课程还支撑着一定的思政指标,可增加学科历史,作为讲解背景。二可删旧,删减掉次要的、陈旧的内容,比如,“火山地貌”“冰川地貌”等部分章节,将其放置于课后或线上,以示学科知识的完整性。三可延伸,沿着知识点的逻辑线将固定的知识点向外延伸、扩展,比如,可将识记型的知识点引向理解,将理解型的知识点引向创新,将创新型的知识点引向应用,从而扩大了知识点的边界,也为育才、育人元素的融入创造了空间。四可提升,提升课程的知识内容及其结构形式,从知识点的内核出发,升华到知识点的思维方法、科学精神、工程理念等方面上来。五可内融,深入发掘知识点的内在成分,比如,该课程中的抗灾精神、治沙精神、青藏铁路精神等精神理念,可以通过讲解、演示、研讨等方法融入到课程中去。六可外合,将不同课程、不同学科甚至不同领域的知识融合在一起,扩大知识的横向延展度,以启发学生跨学科、跨领域联系思考的能力，比如，将地学文化、地质美学与地质学结合在一起。

3. 课程实施

如何将“两课”理念融合在教学过程中？教学活动是由一系列环节构成的，由于要提炼和融合多学科的知识内容，需要构建一种新型的教学模式，才能使各个环节有机、有效、有力地串联起来。BOPPPS模型以建构主义为理论依据，强调在教学活动中学生参与、互动和反馈的闭环教学形式，涵盖课堂导入、课堂目标、课堂前测、课堂参与、课堂后测和课堂总结等教学模块[62]。结合线上、线下混合式教学理念，可以将融合式教学过程概括为“五步教学法＋周专题”模式。

所谓“五步教学法”，就是将教学过程划分为5个步骤(图7-1)：第一步，课前预习，以学生在线学习为主。第二步，课前测试，由教师在课前推送测试题，可使用移动端工具，如雨课堂、学习通、慕课堂等。第三步，教学反馈，利用观察法或问卷调查法，调查疑难点、阶段性达成度等问题。第四步，课堂教学，在课堂上采用讲授式或研讨式方法进行教学。第五步，课外练习，以问题为导向布置研讨、设计等任务，要求在课外完成。其中，前3个步骤为线上阶段，后2个步骤为线下阶段，这5个部分构成了一个教学任务周期。一般地，一门课程由若干个教学周期构成，比如，以1个教学周为1个周期，对于32学时、每周4学时的课程而言，其教学周期则为8个。在每个教学周期(或每周)中，教学任务都由学生研讨和教师授课两个模块构成(图7-2)。每个周期都是5个教学环节的闭合运行，如此循环、滚动，既能将上一周期的教学成果迭代下去，也能随时发现问题，及时反馈并加以解决。为使课程进行得更为顺畅，可以在课程之初增加一次前习课，用于指导学生熟悉教学环

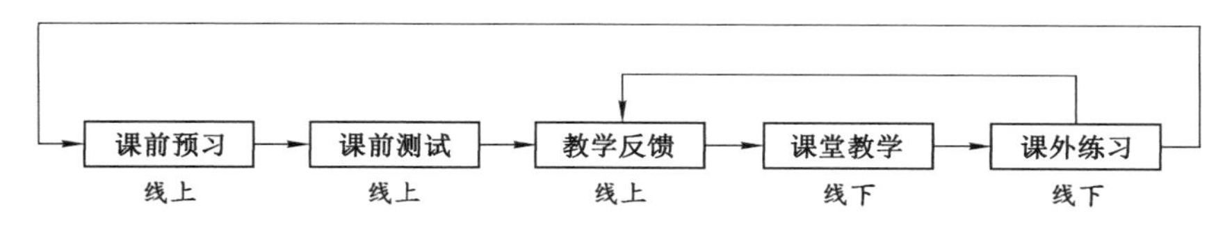

图7-1 “线上＋线下”五步教学模式

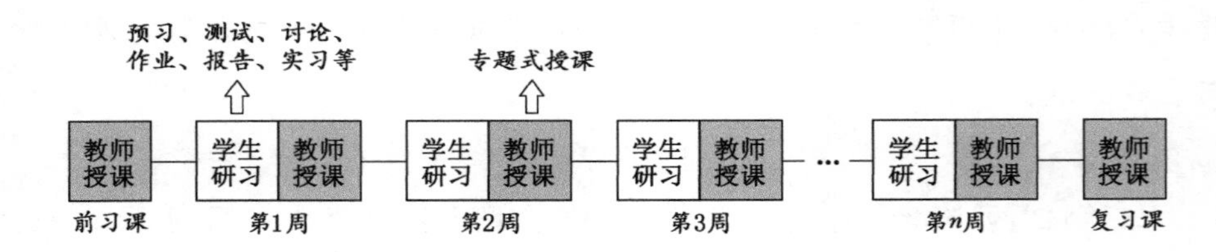

图 7-2 “研习—讲授”周期内循环教学模式

节;在课程之后增加一次复习课,用于回顾、总结整门课程。

课堂教学过程以“周专题”的形式贯穿起来,设置一系列与课程章节紧扣的专题,用专题研讨带动“教—学”循环机制的运转。将课程大纲所规定的学习任务分别看待,将简单性知识(如事实性、概念性知识)放置于课外,而课堂时间只用于对重点、难点等复杂性问题进行研讨,将课堂转变为知识的“演练场”,从而实现课程的内外相联、学教互动、上下合一。

（三）两制并用

教学评价处于课程教学过程的最后一个环节,但也是指导课程和专业建设的重要依据。评价的最终目的不是考查和考核,而是反馈,以更好地指导教学工作。在教学工作中,常用的评价方法有两类:定量评价和定性评价。定量评价具有明确性,它的客观度取决于指标和量表的科学性;定性评价具有经验性,带有一定的主观性,其客观度取决于经验的广度与深度。实践表明,教育评价必须采取定性和定量相结合的方式,构建成综合化、动态化、周期化的评价体系。

1. 形成性评价

在课程的进行过程中或重要的节点上宜使用实时评估策略,如课间、每个学周、课程期中等,一方面可以实时反馈教学过程所产生的问题和经验,另一方面可促使学生养成良好的把控学习的能力和意志,因此也可称之为形成性评估——用以反馈教学问题,更好地把控整个教学过程,使之如期、顺利、高效地达成既定教学目标。智慧学习是一种基于信息技术的教育教学模式,其主要特点是通过互联网技术实现学习的自主性、个性化和智能化[63]。使用信息化、智能化的教学技术,可以实现实时教学评估。作为教师(教学主体)而言,应当在课程中考虑清、设计好所要评估的内容，以及恰当的评估方法和呈现方式。就评估内容而言，无外乎“三情”，即学情、课情、教情。

学情，就是学生的情况及其学习情况，包括学生的学业基础与知识背景、学习兴趣与动力、学习风格与习惯、学习态度、学习进展等。常用的方法有观察法、访谈法、问卷调查法，此外，也可在学生的测验成绩中体现出来。学情分析忌虚、浮、泛，贵在实、准、深，这要求用于评估的量表题或指标点具有代表性，具有一定的指示度和区分度，这样才能用以显示真实的学习情况。

课情，就是课程的情况，需要了解课程的性质、专业与学科定位、前修课程与后续课程、知识构成，以及课程所处的行业环境、发展历史与发展趋势。了解课情，有助于教师加深对课程的认知，准确把握课程定位，避免出现教学上的盲目性、重复性与割裂性[64]。想要了解课程情况，可以采用调研法、信息收集与分析法、文献研读法等方法。

教情，就是教师自身情况及其教学情况。教师从自身出发及时审视课程教学效果，包括教学大纲、教学计划、教学目标、教学方法、课程设计、教学资料、教学过程等方面[65]，一般是在对学情、课情分析的基础上，采用教学反思的方法获取。教学反思是教师对教学中各个环节的审思与批判、调整与完善，并重构教师自己的认知图式，以完善教学过程、提升教学质量[66]。它是促进教师专业成长、促进教育教学正向生长的实践与思维活动，是建设高素质专业化创新型教师队伍的有效措施之一。常用的教学反思方法有个人总结法、同行交流法、课程实录法、文献阅读法等。

2. 终结性评价

在课程的终点所进行的评价，称为终结性评价。其用途体现在多个方面：一则可以了解课程的完成情况，反馈在下一轮的教学工作中，用以完善课程、改进教学；二则用于衡量学生的学习情况，给出相应的成绩，并计入学籍档案；三则用于考评教师的教学工作。因此，终结性评价有“三评”，即，评课、评学、评教。

评课，也就是评价课程对教学目标的完成度。由于课程是参照工程认证指标体系和课程思政指标体系设计的，因此，在结课时需要分别对达成度情况给出评价。课程对认证指标支撑情况，可通过结课考试或考核成绩来体现。这就反过来要求考试或考核的内容要科学、合理，即能够覆盖相应的指标点。同时，这也为考试题目的制定提供了新的方向、思路和标准。对于思政指标的达成评价，由于课程思政的指标大都是素质性指标，无法给出相应的等级划分，宜采用考查或调查问卷的形式进行。如何制定合理的量表是最为关键的。可在量表中，设置知识问答、情境判断、自我评估、撰写心得体会等类型的题目，或由教师根据课程相关数据，做出整体分析判断。

评学，旨在对学生的学习能力和习得程度进行评价。考试是检测学生对所学知识掌握情况的一个重要手段，也是反映教学质量的重要因素，正确、恰当的考试方式可以客观、公正地评价学生的学习情况，相反则会产生误判[67-68]。常见的考试方式有闭卷考试、开卷考试、口头考试、研究论文、专题报告等，其中闭卷考试是应用最多的一种考试方式[69]。闭卷考试长于对学生识记能力的考查，但对学生的发散性、应用性能力的考查则效果甚微，而学习的最高境界应当是“学以致思”和“学以致用”，因此，要采用多样化的考核方式。一方面考题要多样化，除常用的选择题、填空题、判断题、论述题等之外，还可以增加材料分析题、读图题、绘图题、应用题等。另一方面考试方式要多样化，比如采用视频资料分析（在线考查）、实践和动手操作、虚拟操作、撰写论文、现场报告、成果展示或其他具有探索性的方式。其目的在于充分调动学生的主观能动性和创造力，进而全面地考查其学习情况[70]。

评教是对教师及其教学工作的评价，用以指导教学过程、控制教学质量，并为教学管理工作提供依据。采用什么方式和方法评教？这是一个非常重要的问题，也是一个非常复杂的问题。评教的主体有3类：专家评教、教师自评和学生评教。教学专家具有丰富的教学和管理经验，但教学过程时间长、内容杂、环节多，且任课教师人数众多，教学专家无法给出全面而准确的评价。教师自我评价具有显著的主观性。学生是教学工作的中心，学生评教自然成为高校评估教学的一种广泛应用的方式[71]。学生评教在法理上是恰当的，而在实际操作中却存在着诸多问题，其有效性存在着争议，原因涉及评教主体主观、客体利益、课程差异、评教指标、评教机制等各方面因素[72]。实际上,评教的难点在于——它所评价的对象在客观上是有差异的,不应该给定一个确切的、统一的标准,因为教师不同、课程不同,学生也不同。但是,为了教务管理上的效率性,又必须给定一个标准。因此造成了评教上的困境。如何化解这一困境?第一,评教与评学相结合,评教应与实际课程教学内容结合起来,按课程类型分类评教;第二,定量评教与定性评教相结合,定量评价在一定程度上能增加高校学生评教的客观性,定性评价则寻求全面反映评教主体内在价值观念与主观感受。第三,优化评价数据,对无效的、非客观的、不准确的评价数据,要用科学的方法消除其偏差。第四,谨慎使用,行政管理部门须根据学科专业、课程类型和班级规模设置差异性高校学生评教分数"红线",对于部分低于评教红线的授课教师应结合同行评教和专家评教等评教方式加以验证,削弱学生评教的负面影响[71]。总之,要回归到评教的根本目的上来,它不应当直接作为考核教师的依据,而应看作提升和完善教学质量的手段[73]。

3. 系统性评价

系统性评价是从专业层面对整个专业培养体系所做的评价。工程教育认证的核心是专业,专业课程教学、思想政治教育也都是为专业服务的。专业主体应建立起一套常规化的多主体参与、多元、多维的持续改进机制,用以系统、全面、深入地评价专业体系[74-75]。从投入—产出理论来看,专业评价的核心要素由 3 个部分构成,即,投入端、培养过程、产出端(图 7-3)[76]。

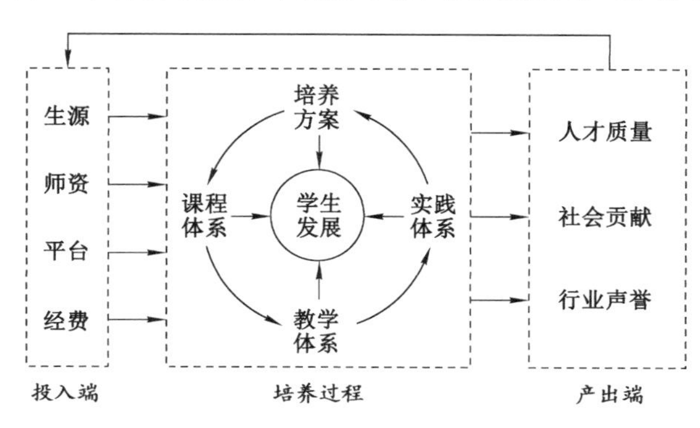

图 7-3 专业体系评价的核心要素

从专业投入来看，主要由4个部分构成，即生源、师资、平台、经费。吸引优秀生源是提高人才培养质量的重要举措，也是专业建设成效的具体体现[77]。什么是优秀生源？不应以分数论优秀。优秀包含两层含义：外在的量和内在的质[16]。外在上具有高于常人的指标（比如成绩，或其他量化指标），内在上具有优于常人的素质、热爱专业、热爱学习、具有潜在培养价值。其中，内在素质更为重要。师资，不等于教师，而是教师之才干。所以，师资上的投入，不仅包括对优秀教师的引进，也包括对现有教师的培训、进修，教师的自学、自修以及在教学工作上的付出。平台和经费是专业建设的外在保障。该项评价应以实际转化效果为依据，经费管理是为了更好地使用，平台建设是为了更好地产生实际成果。该环节应以定量化的数据为基础，并与相关兄弟院校、国际高校进行对比性的研究与评估。

培养过程是以学生综合素质的发展为中心的，主要评价“一案三系”，即专业培养方案、课程体系、教学体系以及实习实践体系。专业培养方案是落实人才培养总体要求、组织开展教学活动、安排教学任务的规范性文件，是实施人才培养和开展质量评价的重要依据[78]。课程体系、教学体系和实习实践体系，是执行培养方案的具体环节，是专业评价中的重中之重，可从学生整体表现与考核情况进行分析，并开展一系列调查，如政策文献研究、学生满意度调查、教师满意度调查、教学效果问卷调查、毕业生问卷调查，在此基础上，集合专业教师、教育专家、行业专家、学生代表开展常规化的或随机性的研讨。评价结果亦可反馈于培养方案的修订中，完成内部循环改进。

在产出端主要评价3个方面，即毕业生培养质量、专业对社会的贡献以及专业在行业中的社会声誉。毕业生培养质量调查，可分为短期（5年以内）、中期（5—10年）、长期（10—30年）、超长期（30年以上）等不同毕业年龄段，采用毕业生访谈、用人单位回馈、企业走访调研等方式，在评价、分析中得出专业教育对学生的长期影响。专业对社会的贡献，可结合本科生的社会实践、科研创新、创业等具体实践成果进行调研，这项工作也能反过来激励广大教师、学生参与到社会实践工作中去。专业声誉是专业办学水平的直接体现，包括专业评估、同行评议和社会影响。其中，专业评估（包括学科评估和专业认证),反映本专业在现有评价和认证体系中的表现;同行评议,反映本专业的学界声誉;社会影响是社会综合性的评价,反映了社会对专业的认可度、支持度[75]。

由此可见,做好专业教育的根本在于促进"教"和"育"的融合。如果说专业认证是最低要求,那么,课程思政就是最高要求。这些大大小小的指标就像各种维生素之于人体一样,缺一不可,都在专业教育中发挥着重要作用。指标划分是为了更好地融合理念,将育人指标和育才指标科学、合理、巧妙地融合在一起,是专业建设与发展的一个思路,也是值得探索的一条出路。

参考文献

[1] 沈文钦.近代英国博雅教育及其古典渊源:概念史的视角[D].北京:北京大学,2008.

[2] 怀特.再论教育目的[M].北京:教育科学出版社,1997.

[3] 赵显通.再谈教育目的:约翰·怀特教授访谈录[J].高等教育研究,2016,37(2):1-5.

[4] 邓怡舟.专业·职业·事业:构建大学生科学专业观的三个重要前提论析[J].中国电力教育,2011(25):160-161,163.

[5] 李森.试论教学动力的生成机制[J].西南师范大学学报(哲学社会科学版),1998,24(3):56-60.

[6] 赵艳华.青年教师教学动力的限制因素与提升对策[J].宁波职业技术学院学报,2021,25(5):75-79.

[7] 彭梦,宋丹.学习兴趣为导向的大学生个性化培养研究[J].科教文汇(上旬刊),2020(4):40-42.

[8] 李学强.浅谈如何培养高校大学生专业学习兴趣[J].内江科技,2014,35(5):147-148.

[9] 杨德广.高等教育管理学[M].上海:上海教育出版社,2006.

[10] 陈孝彬. 教育管理学[M]. 北京:北京师范大学出版社,1990.

[11] 王昕红. 专业主义视野下的美国工程教育认证研究[D]. 武汉:华中科技大学,2008.

[12] 李志义. 解析工程教育专业认证的成果导向理念[J]. 中国高等教育,2014(17):7-10.

[13] 李志义. 解析工程教育专业认证的持续改进理念[J]. 中国高等教育,2015(增刊 3):33-35.

[14] 李志义. 解析工程教育专业认证的学生中心理念[J]. 中国高等教育,2014(21):19-22.

[15] 孟祥红,齐恬雨,张丹. 从课程支撑到能力整合:工程教育专业认证"毕业要求"指标研究[J]. 高等工程教育研究,2021(5):64-70.

[16] 中国工程教育专业认证协会. 工程教育认证通用标准解读及使用指南(2022 版)[Z]. [出版地不详:出版者不详],2022.

[17] 中国工程教育专业认证协会. 工程教育认证标准[S]. 北京:中国标准出版社,2022.

[18] 林健. 如何理解和解决复杂工程问题:基于《华盛顿协议》的界定和要求[J]. 高等工程教育研究,2016(5):17-26,38.

[19] 朱露,唐浩兴,胡德鑫,等. 工科本科生解决复杂工程问题能力评价模型[J]. 高等工程教育研究,2023(4):86-99.

[20] 张倬元. 工程地质分析原理[M]. 4 版. 北京:地质出版社,2016.

[21] 朱亚先,洪炜,吴丽晶,等. 本科生科研能力培养之探索[J]. 中国大学教学,2016(10):24-30.

[22] 付坤,王瑞,杨罕,等. 高校本科生科研素养培养教育探索[J]. 实验室研究与探索,2017,36(3):207-211.

[23] 刘宝村. 论现代工具理性形成的文化渊源及其影响[J]. 天府新论,2005(4):102-106.

[24] World Commission on Environment and Development. Our Common Future[M]. Oxford:Oxford University Press,1987.

[25] 张志强,孙成权,程国栋,等.可持续发展研究:进展与趋向[J].地球科学进展,1999,14(6):589-595.

[26] 韩宇,王秀彦.工程教育非技术能力中职业规范的多源表征研究[J].高等工程教育研究,2022(2):74-80.

[27] 王秀彦,张景波,毛江一.工程教育非技术能力中"个人和团队"的多源多尺度表征[J].北京工业大学学报,2021,47(12):1395-1402.

[28] 苑健,雷庆.美国高校工程专业沟通能力课程设置的两种方式比较研究:以普渡大学和麻省理工学院为例[J].中国高教研究,2023(2):89-95.

[29] 谢云萍.我国工程技术人才项目管理素质的提升路径及策略[D].福州:福建工程学院,2018.

[30] 王学俭,石岩.新时代课程思政的内涵、特点、难点及应对策略[J].新疆师范大学学报(哲学社会科学版),2020,41(2):50-58.

[31] 骆郁廷,郭莉."立德树人"的实现路径及有效机制[J].思想教育研究,2013(7):45-49.

[32] 教育部.高等学校课程思政建设指导纲要[Z].北京:教育部,2020.

[33] 丁俊萍,李雅丽.中国共产党思想建党、理论强党的百年历程与基本经验[J].党史研究与教学,2021(1):4-14.

[34] 中国共产党章程[M].北京:人民出版社,2017.

[35] 关于加强和改进中央和国家机关党的建设的意见[M].北京:人民出版社,2019.

[36] 习近平.高举中国特色社会主义伟大旗帜为全面建设社会主义现代化国家而团结奋斗:在中国共产党第二十次全国代表大会上的报告[R].北京,2022.

[37] 刘望秀,代玉启.正确的国际观:高校时代新人培养的重要抓手[J].北京教育(高教),2020(3):9-12.

[38] 中共中央关于制定国民经济和社会发展第十三个五年规划的建议[R].北京,2015.

[39] 习近平.在庆祝中国共产党成立95周年大会上的讲话[R].北京,2016.
[40] 习近平.携手构建合作共赢新伙伴 同心打造人类命运共同体:在第七十届联合国大会一般性辩论时的讲话[J].中国产经,2015(10):32-37.
[41] 田旭明.习近平关于家国情怀重要论述的精髓要义[J].马克思主义研究,2020(12):51-61.
[42] 周显信,袁丽.习近平家国情怀的时代意蕴与实践逻辑[J].理论探讨,2020(5):55-61.
[43] 中共中央,国务院.新时代爱国主义教育实施纲要[R].北京,2019.
[44] 国家发展改革委,外交部,商务部.推动共建丝绸之路经济带和21世纪海上丝绸之路的愿景与行动[R].北京,2015.
[45] 习近平.决胜全面建成小康社会 夺取新时代中国特色社会主义伟大胜利:在中国共产党第十九次全国代表大会上的报告[R].北京,2017.
[46] 王冀生.大学文化的科学内涵[J].高等教育研究,2005,26(10):5-10.
[47] 刘亚敏.大学精神探论[D].武汉:华中科技大学,2004.
[48] 刘波.新时代高校全面助力脱贫攻坚的实践与思考:以中国矿业大学为例[J].中国高校科技,2020(12):4-7.
[49] 张万海.百年矿大精神解读[J].中国矿业大学学报(社会科学版),2010,12(2):87-92.
[50] 邹放鸣.从焦作路矿学堂到中国矿业大学:西北联大与矿大精神[J].中国矿业大学学报(社会科学版),2013,15(4):5-16,53.
[51] 韦磊,邹世享.中国地质精神论[M].北京:中国社会科学出版社,2014.
[52] 杨怀中,张华清.新时代科学精神与工匠精神融合创新的文化之维[J].自然辩证法研究,2022,38(8):123-128.
[53] 万长松,程磊.新时代中国特色科学家精神的传承与发展[J].河南师范大学学报(哲学社会科学版),2022,49(5):1-7.
[54] 徐继山,隋旺华,董青红,等.试论地质类专业课程的思政性[J].中国地质教育,2022,31(4):57-60.
[55] 陈璞道,王馨.传统职业伦理视域下"工匠精神"的当代价值[J].湖北开

放职业学院学报,2022,35(24):138-139,142.
[56] 习近平.坚定不移走中国特色社会主义法治道路 为全面建设社会主义现代化国家提供有力法治保障[J].实践(党的教育版),2021(3):4-11.
[57] 李浩.理工科大学生人文素养提升与思政教育相融合的育人路径研究[J].教书育人(高教论坛),2021(27):17-19.
[58] 王慧锋.加强理工类高校通识教育 落实立德树人根本任务[J].中国高等教育,2021(21):27-29.
[59] 王晓宏.高校专业课课程思政实施路径探索[J].合肥学院学报(综合版),2021,38(3):118-121.
[60] 王晓宏.课程思政视域下高校思政课和专业课协同育人的制约因素与推进路径[J].安徽开放大学学报,2022(4):64-68.
[61] 鞠远江,孙如华,徐继山.工程地貌学[M].徐州:中国矿业大学出版社,2020.
[62] 张建勋,朱琳.基于 BOPPPS 模型的有效课堂教学设计[J].职业技术教育,2016,37(11):25-28.
[63] 贺大康,陈章余.智慧学习模式下五年制高职电气专业教学评价的探索与实践[J].现代职业教育,2023(20):137-140.
[64] 于卫红,张兴娜,谭敏.面向课程思政的师情、学情、课情、行情分析[J].航海教育研究,2022,39(3):40-45.
[65] 李倩.基于 AHP 的高校教学评价方法研究[J].科技资讯,2023,21(5):145-148.
[66] 邓纯臻,杨卫安.教学反思:卓越教师核心素养养成的有效路径[J].现代基础教育研究,2021,41:36-41.
[67] 罗三桂,刘莉莉.我国高校课程考核改革趋势分析[J].中国大学教学,2014(12):71-74.
[68] 汪友生.大学工科专业课程考试方式研究:以北京工业大学电类非计算机专业编程实验课为例[J].大学教育,2018,7(3):49-51.
[69] 刘素一,薛勇.大学考试方式改革的探索与实践[J].中国电力教育,

2009(3):57-58.

[70] 陈建峰,李羚芷,叶为民.大类培养模式下小专业课程考试方式方法改革[J].高等建筑教育,2019,28(3):91-96.

[71] 刘水云,赵贝.高校学生评教有效性的实然审视与应然变革:基于国外高校学生评教有效性及其影响因素的系统性文献综述[J].黑龙江教育(高教研究与评估),2023(6):17-20.

[72] 盛鹏坤.高等院校学生评教的问题、成因及对策:以F高校为例[J].高教论坛,2023(7):76-80.

[73] 别敦荣,孟凡.论学生评教及高校教学质量保障体系的改善[J].高等教育研究,2007,28(12):77-83.

[74] 郭琳,刘志强,庄旭菲,等.基于“工程教育认证”下的计算机专业评价机制的研究[C]//教育科学发展科研学术国际论坛论文集(三).北京:[出版者不详],2022:32-35.

[75] 谢雯,宗晓华,王运来,等.新时代本科专业评估:逻辑理路、应用探索与发展趋向[J].中国考试,2021(11):1-9.

[76] 刘细红,刘璐.新工科背景下课程评价指标体系构建与实践研究:以H大学为例[J].教育观察,2023,12(13):50-55.

[77] 尹楠鑫,罗超,陈岑,等.工程教育专业认证背景下资源勘查工程生源质量提升举措及效果:以重庆科技学院为例[J].中国现代教育装备,2022(15):80-82.

[78] 姚余有,谢继安,高树东,等.新时期高等医学院校卫生检验与检疫学专业本科培养方案改革探索[J].安徽预防医学杂志,2022,28(3):177-179,188.

第八章　大学教学的发展脉络

对未来教育的畅想，往往源于对现实教育的不满。英国《经济学人》杂志曾发文指出，“自中世纪以来，老师作为‘舞台上的圣人’，向一排排学生滔滔不绝地讲授课程的这个场景，几乎没有改变”。甚至有人说，如果春秋时期的孔子穿越到现在，他也会很熟悉现在的教室和讲台。有关教育形态的反思和批评一直持续不断。与其说教育改革具有滞后性，不如说人们对教育赋予了更多、更高的期望。实际上，教育教学的变革一直在进行着！当代教育学家朱永新在《未来学校》中说，教育变革不会像社会变革一样——一夜之间风云突变，相反，“它润物无声，如同一天天长长的指甲，慢慢变白的头发，你如果盯着看，什么也看不见，但是它在变”[1]。

所谓“鉴以往而知未来”，想要看清未来十几年乃至几十年大学教学的发展趋势，则要越过历史与现实的山隘。回望大学教学的发展历程，就会发现这是一个不断调整教学元素、解放学习力、梳理教学关系的过程。未来的大学教学一定是朝着内容更丰富、方法更灵活、技术更进步、思想更多元、工具更先进、结构更完善的方向发展。

一、“师一课一生”同轴化

在教学中，何者为中心？这个问题一直困扰着广大教育战线的工作者和研究者。需不需要有一个中心？为什么要有一个中心？如果说教学是有目的、有组织、有体系的活动，那么它必然要通过一定的中心作为向心力而建构起来。即便舍弃或模糊中心，对这个教学活动而言，它也一定是依循某种“想法”进行的——来自教师的或者书本的观念，因而也是有中心的。在传统教学中，一直存在着教师中心论、课程中心论、学生中心论等不同说法，它们的形成都有其因由，也都有其局限。

“师”即教师，是教学活动的主动者。关于教师中心论的理念，其形成时间比学生中心论要稍久远一些。因为在很长的历史时期中，教育教学活动主要是由教师主导的，同时也围绕教师而展开。教师中心论潜藏着一个前提，即学生是无知的、不圆满的，要通过接受教育才能获得发展，成为一个符合外在要求的人[2]。在这一理念下，教师占有知识，具有权威性，对教学活动具有绝对支配和控制作用[3]。无疑在教师主导下学习，知识传授效率是最高的。不过，由于该理论过分强调教师的地位，而忽略了学生的主体能动性，掩盖了学生个性化的需求，很可能会造成学生实际能力和综合素质的弱化。

“生”即学生，是教学活动的从动者。学生中心论产生于20世纪50—60年代，随着西方人本主义兴起和交际教学法的应用而形成[4]。学生中心论的实质是强调学生的主体性，在实际的实施过程中却遭遇到许多困惑和挑战，造成了师生相悖、课程失真、学教变异等问题，仍然是“穿着新鞋走老路”[5]。这是因为在教学活动中教师与学生处于对立、统一的关系，两者同样重要且必要，强调任何一方都会失去平衡[3,6]。

“课”即课程，它是教学活动的载体。课程中心论也称为知识中心论或学科知识中心论，因为学科知识是各类专业课程的内容。该理念是伴随着工业文明的迅速发展而兴起的，因为工业生产需要大量的技术工人，对学科知识的系统学习就显得尤为重要。其主要观点是：学科是传递社会文化遗产的最系统、最经济、最有效的形式；学科以合理方式向学生提供有关的课程要素及其关系，而不是孤立的事实和概念。在该理念下，教学活动围绕学科知识展开，保持了知识的完备性，但同时也导致了实用主义、权威主义、应试主义、强迫主义等危害，以致学用脱节、教育背离[7]。

实际上，无论教师、学生，还是课程，它们都是教学上的环节，相辅相成、环环相扣，它们并不是同心关系，而是同轴关系——这根“轴”可以看作拉长了的中心，它应当由具有凝聚作用的教学思想构成（图8-1）。因此，教学中心论想要得以确立,必然要扎根深层的教学思想。自改革开放以来,在我国的教学理论研究与实践改革中逐渐孕育出"学习中心论",它从教与学的互动过程出发,关注两者的功能差异与联系,"学为目的和本体,教为手段和条件",表现为"少教多学、依学定教、先学后教、以学论教"的基本原则[8]。当代教学价值取向已经从知识目标提升为发展目标,学习中心论兼顾了教师的主导性、学生的主体性以及知识的本体性,它应当成为有效学习研究的重要内核,并不断地深入发展。

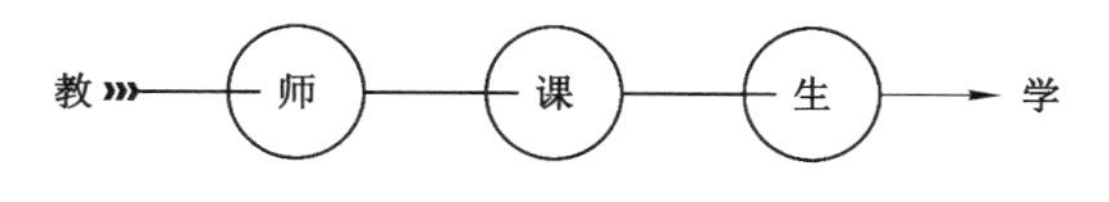

图 8-1 教师、课程、学生同轴模式

二、"上—下—外"混合化

教学活动是知识的生产、传播与再造的过程,它的发展离不开对教学工具和教学手段的使用,如书本、黑板、投影仪、PPT、慕课等。每一轮科技革命都会带来学校课堂的变革,从古代的私塾课堂,到黑板课堂、数字课堂、智慧课堂,一次次地扩充了有限的教学资源和教学空间,进而引发教育教学理念的变革。可以说,教育思想和教学技术正是推动教育教学不断向前发展的两条腿。

"上"是指线上教学。现代教育信息技术以互联网、移动网络"一定、一动"两大硬件端为依托,推动教学活动朝着网络化、移动化、数字化、智能化、虚拟化等方向发展。在近几十年,尤其是新型冠状病毒(COVID-19)疫情时期,无疑是被动地做了一场大规模的全体性的教学试验。相关调查表明,线上教学利弊共存[9]。其利在于:一是课程质量高,在线课程是在传统课堂的基础上设计的,在制作中往往要采用丰富的多媒体、富媒体等表现手段,极大提升了课程质量;二是学习方式活,在线学习打破了时空的局限性,可以随时随地学习与复习,甚至能够利用碎片化的时间完成系统学习;三是互动面广,在线下课堂中,互动只能"一对多"地局部展开,而在线上可以"一对一"地全面进行,且学习过程与学习结果能够全程记录,可以全面掌握每一位学生的学习状况。此外,在线教学打破了大学之间的高墙,在一定程度上解决了教育公平问题[10]。不过,线上教学有利也有弊,其弊在于:学习自由增加了监管的难度,学习时间的碎片化可能会引发知识的碎片化,跨时空的交流也会产生情感上的距离感,等等。

“下”是指线下教学,即在面对面的课堂上所进行的教学活动。与新兴教育相比,传统线下课堂虽然诟病颇多,但仍有着不可替代的作用,集中体现在它的真实情境上。线下教学的优点正好是线上教学的缺点,而线下教学的缺点正好是线上教学的优点。从本质特征来看,线上教学是开放的,线下教学是封闭的或收敛的,两者应有机融为一体,各利其利,各避其弊。美国教育部曾开展实证研究(1996—2008 年),发现与单纯的线上或线下教学相比,混合式的教学是最有效的[11]。不管是线上,还是线下,它们只是教学的外在条件,我们应当像对待讲台、粉笔和 PPT 一样对待新生技术。技术并无好坏之分,关键在于如何使用、融入到教学课堂中来。

“外”就是课外课堂。在传统教育模式下,让课堂里的教师和学生走向课外是非常困难的,主要是受到学时、场地等客观条件的制约。采用混合式教学模式,有效缩减了课时,为课堂教学从课内走向课外提供了条件。课外教学具有生动性,能够有效弥补传统教学的抽离感,可以预见未来的课堂是三者有机融合在一起的。对于混合式教学而言,“混”是手段,“合”是目的,如何才能将三者有机融合在一起?加里森(D. R. Garrison)等人基于加拿大阿萨巴斯卡大学的混合教学实践,以建构主义为理论基础,提出了“三感”教学论,认为在混合式教学中社会临场感、教学临场感、认知临场感对教学效果起着关键作用,只有当这“三感”都达到较高的水平时,有效的学习才会发生[12-13]。按照线上、线下学时比重,可以将教学活动划分为线上主导型、线下主导型以及完全融合型,它们所采用的教学方式也可以划分为讲授式、自主式和交互式。关于混合式教学,目前正处于“形上”的探索,需要从形式走向内涵,在理论上寻求质的突破,从而更好地指导混合式教学向前发展。

三、“文—理—工”交融化

“理”即理科,它是以数理知识为基础的自然科学学科,包括数学、物理学、化学、生物学、地球科学、天文学等。它以自然世界为研究对象，旨在揭示自然规律。“工”即工科，它是对技术类、工程类或工艺类学科的统称，如材料学、计算机、信息、电子、机械、电气、建筑、水利、汽车、仪器等。它以应用为导向，旨在应用科学和技术的原理来解决问题。理科是认识客观世界的武器，工科是改造客观世界的武器，因此两者常并称为理工科。为什么有那么多划分？这与科学、技术、教育的发展有着密不可分的关系。近代自然科学都是从哲学这一母体中分化出来的，分化有利于研究的细化和深化，从而带来了科学的长足发展。现代教育正是以科学研究与技术应用为基础才发展起来的，自然地，科学技术的边界就成了教育的边界。

“文”泛指所有的人文社会学科，它以人类社会的政治、经济、文化等为研究对象。与理工科相比，文科则自居一域，它是认识和改造人类世界的武器。关于文科的重要性，德国哲学家雅斯贝尔斯认为，“教育是人的灵魂的教育，而非理性知识和认识的堆积”[14]。他指出教育的本质特征在于人，即教育的人文性。中国思想家张岂之先生说，“一所大学如果没有人文的浸润，就好像没有了草坪、树木一样，干枯贫乏，教育功能将难以实现”。在科学教育与人文教育割裂多年以后，强调人文的重要性，用以推动科学与人文的融合，应是题中之意[15]。

实际上，中国古代教育、近代高等教育一直贯穿着人文教育和通识教育的传统，只是在新中国成立后的探索阶段（1949—1976 年），在全盘苏化的教育模式下，进行大规模院系调整，人文教育和通识教育才完全分离。就当代教育而言，学科和专业想要发展，则必然从分化走向综合。然而，教育的发展带有一定的他律性和滞后性，需要学校从综合素质教育出发，对教育体系进行重塑[16]。我国著名机械工程专家、教育家杨叔子教授强调科学应与人文相融相合，“融则利而育全人”。他曾说，对于一个国家和民族来说，“如果没有现代科学和先进技术，一打就垮；如果没有优秀文化传统和人文精神，不打也会垮”。各学科、各专业犹如不同的河流，需要交流，才能广润大地；若不交流，便会各自干涸。

“文—理—工”交融的路径有 3 个：一是跨科，即跨越不同学科构建教育新模式,比如基于项目的学习、STEAM 教育、创客教育等[17]。STEAM 教育是在信息技术的支持下,将科学、技术、工程、数学结合在一起,旨在培养学生的综合数理素质及其应用能力的一种教育模式。创客(Maker、Hacker)是指把技术创意转变为现实的人,这种教育模式提倡创造与合作,即在做中学、学中做。二是建院,依托专业教育,以通识教育、精英教育为理念新建试点教育平台。近年来,各大高校相继建立二级学院,即是新教育理念下的举措。如复旦大学下设复旦学院(2005)、南京大学改建匡亚明学院(2006)、北京大学成立元培学院(2007)、中国矿业大学成立孙越崎学院(2008)、清华大学成立新雅书院(2014)等。三是融课,即立足大学课程,将理工科知识、方法融入到文科中去,将人文社科精神、理念融入到理工科专业教学中来,许多研究者提出了通识教学方法,如双向切入法、"通专"融合法、问题式教学法、史理融合法、专题讨论法等[18-24]。可见,通识教育的发展必然从宏观走向微观,从表层走向深层。交融化的教学理念要求教学方式要"交"、学习方式要"融"、评价方式要"化",从而使文、理、工各科融合在课程教学之中[25]。

需要指出的是,文、理、工的交融,不仅要跨学科、建平台、上课堂,更重要的是要在精神和思想层面上交融。同时,也要看到分科与通识之间的辩证关系:学科研究的对象是自然或其他客体,只有分化的研究才能走向深入;教育的对象是人,只有交融的教育才能使人成为完整的人。

四、"产—学—研"一体化

在我国,关于"产学研"相结合的理念,最早产生于 1985 年,中共中央在《关于科学技术体制改革的决定》中指出,要"促进研究机构、设计机构、高等学校、企业之间的协作和联合",目的就是解决科技和经济"两张皮"的问题。创新是社会进步的动力,同时也是教育发展的基石。加快教育现代化的关键,在于教育与社会同频共振。英国比较教育学家萨德勒(M. Sadler)指出,"校外的事情比校内的事情更重要,校外的事情制约并说明校内的事情"[26]。教育问题从来都不是自身的问题,而是社会、学校、政府共有的问题。

"学"就是学校。对高校自身来说,产学研结合是高校自身发展的需要。以知识、成果、信息为依托,大力发展校办产业,为社会直接提供产品和技术服务是当代大学的一项重要职能[27]。理论和事实足以证明,高校要很好地实现其社会化功能,并成为科教兴国和技术创新的强大生力军,就必须把教学、科研和产业开发紧密地结合在一起,走产学研一体化的发展道路,这是高校自身发展的需要[27]。

"产"和"研",就是要面向社会的生产和科研。从社会发展来说,产学研相结合是社会经济与科技发展的必然要求。据报道,世界知识和技术的更新周期加速缩短,技术成果转化率高达 60%左右,技术和教育在经济增长中的贡献率在一些发达国家已达 60%～80%。经济的发展呼唤高新技术,社会的进步呼唤高素质人才,在美国、英国、德国、法国、瑞士、日本、奥地利、以色列、印度等国都建立了不同形式的科技孵化器,通过校企合作平台,孵化出新技术、新产品、新理念,促进经济、社会的发展。

如果把"产—学—研"比作一条链条,在这个链条上,所"流转"的东西是什么? 它的内容应当是丰富的,包括知识、科研成果、试验设备、信息初步性的产品甚至是专业人才。推动这个链条的动力来自两个方面:外部动力来自市场需求,企业的内部动力由科技创新意识决定,而大学和科研院所的内部动力是学术、经济和社会影响力[28]。一体化的"体"由谁来主导? 不外乎有 4 个主体,分别是政府、高校、科研机构、企业。除了有形的主体外,还有一个无形的主体——可以看作一种动态的,没有明确主体的"主体"。

从大学课程和大学教学的视角来看,如何将"产—学—研"一体化深度融合起来? 有 3 个思路可以借鉴:一要校企互动。从大的方面(专业、行业层面)来看,要求高校吸纳企业专家、科研专家参与到专业教育中来,参与人才培养方案、课程体系、教学体系、教材的修订上来,或者直接参与教学,担任"双师型"教师,指导学生开展实习、实训、实践等工作。二要产研结合。从课程改革来看,要在大学课程尤其是专业课程的基础上,开发科学研究和实践生产环节。在专业性强的理论课程中增加实践环节,或强化实践类课程的分量和质重。利用企业或科研院所便利的生产、试验设备与平台,将学生派往相关企业或科研院所,开展实践教学、生产实习、科学研究等工作。三要信息互通。一方面要将生产、应用、科技研发过程中出现的新工艺、新技术、新理论、新成果引入课堂和教材，丰富教学内容，变革教学模式；另一方面，来自企业的技改项目和攻关难题等实际需求，既可以成为教育教学过程中的实践技能训练和毕业设计（论文）选题的来源，也可进行必要的科研立项，并在项目完成后加速科研成果转化或技术转移[29]。

五、"古—中—外"互通化

"古"是指中国优秀传统文化。据史籍所载，早在虞舜时代我国就有了"庠"的说法，《礼记·王制》提到"有虞氏养国老于上庠，养庶老于下庠"，这里的"庠"就是学校的前身[30]。传统并不意味着陈旧，而是延续的、相通的、继承的[31]。传统文化有什么值得现当代大学去继承？张岂之先生在《大学的人文教育》中概略性地讲了几条，总结为 4 点：第一，辩证思想。辩证哲学构成了中国传统文化的基石，体现在道家、儒家、佛家等各门各派的学说里。第二，人本思想。中国传统文化是以"人"为核心的道德文化和人文文化。第三，仁爱思想。中国传统文化的主流是仁爱思想，爱家乡、爱国家、爱大众、爱自然等。第四，和合思想。中国传统文化主张和而不同，倡导博采众家之长的文化会通精神，引导人们去追求社会与自然和谐的文化，鼓励人们营造人与人、人与自己内心和谐，主张用和谐化解社会冲突、民族矛盾[15]。

"外"是指外来的国际先进科技文化和优秀教育文化。回顾中国近代高等教育发展之路，就是一条吸收、借鉴、反思之路。从清末洋务运动开始，中国开始睁眼看世界，首当其冲的便是教育，经历了民国时期向东看（学习日本）、新中国初期向北看（学习苏联）、改革开放时期向西看（学习欧美）等不同阶段。百年历程，使我们认识到继承和重塑中国教育文化的重要性。"言必称希腊，言必称西方，言必称国外"是要不得的，不能只拿来，更要再创造，还要送出去，将中国当代优秀文化传播到国外去[15]。

"古—中—外"互通要求以中为本，不仅要留洋，还要承古。这是因为大学是一种文化存在，而大学文化本身就是一种综合的社会文化，在类型上包括教育、科技、工程、经济、社会、管理等文化，在形态上涵盖了物质、精神、制度等文化[32]。可见，大学之大，在于文化之大。文化就像一条长河，只有在不断地碰撞、吸纳、交融、沉淀中才能发扬光大、源远流长。课程建设要站在文化的高度，塑造好课程文化。课程文化不仅仅是课堂上的文化，课堂联结着外在社会，是一种开放的、多元的、综合的大文化。要立足中国大学文化之本，继承传统、兼容并包、向古求道、向外取经，塑造新时代中国大学的优秀文化。

六、“学—用—创”并行化

“学”是指立于某专业、某课程的学习。可从两个角度理解“学习”的含义——静曰学，动曰习。学是学习现成的、系统的理论知识，这是基础；习，就是预习、复习、练习、研习、践习。学习的最高目标就是“学以致创”和“学以致用”。

“创”就是创造，就是围绕“理想客体”并使之转化为现实的活动，它要从中提取一定的要素并确立其联结方式[33]。提出新理论是“创”，改进新技术是“创”，应用到新领域是“创”，哪怕提出一个新问题也是“创”。所以，“创”的内涵是丰富的。在大学教学中，有“大创”，也应有“小创”，创思、创理、创课、创业等，都属于创新的范畴。

“用”就是运用和应用，它体现为大学生应具备的解决实际问题的能力，亦即实践能力。实践能力包括动手能力、操作能力、合作能力等。但是，实践能力并不是单纯地使用工具、设备或肢体去做事情，还有对实践本身的主观认知，即实践思维、实践意识。美国心理学家奈瑟(U. Neisser)提出“实践智力”的概念，它是一种将理论转化为实践、将抽象思想转化为实际成果的能力[34]。

对于大学课程而言，学是主干，用和创是它的两翼。主干为两翼提供推进力，两翼为主干提供拉升力，三者结合在一起，从而让大学课程升高行远。如何体现在课程中？这要求课程在教学设计中，注意知识的“活化”，化识记为理解，化理解为应用，化应用为研究，化研究为再创，将创新性、实用性注入在课程知识点中。

未来已来，唯变不变。教育是面向未来的事业，只有着眼于未来的大学，才会有大学的未来。不思求变，就会在变革的潮流中被淘汰；不敢创新，也永远不会攀上科学技术的高峰。未来的大学教学究竟如何发展？应当体现在这 6 个脉络上(图 8-2),其中:“师—课—生”是教学的轴心,“上—下—外”是教学的平台,“文—理—工”是教学的内容,“产—学—研”是教学的任务,“古—中—外”是教学的视域,“学—用—创”是教学的归宿。这 6 个脉络共同编织起一张大学教学之网,它们将会在更广阔的空间上延展,越来越密、越来越广、越来越远……

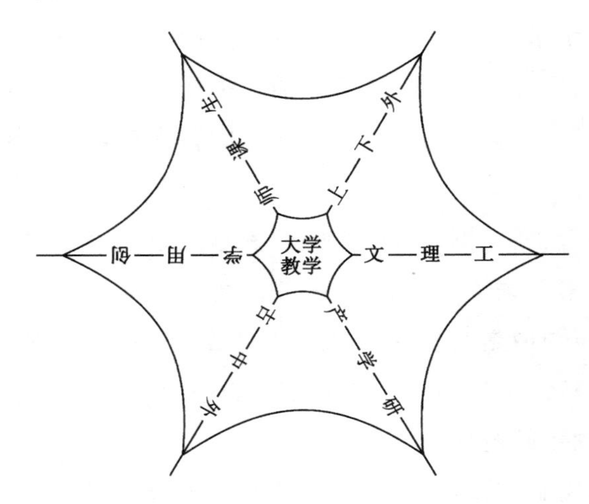

图 8-2 大学教学的发展脉络

参考文献

[1] 朱永新. 未来学校:重新定义教育[M]. 北京:中信出版社,2019.

[2] 唐超. 从新课程改革看教育过程中师生的地位及作用:关于教师中心论和学生中心论的反思[J]. 内蒙古师范大学学报(教育科学版),2004,17(12):74-76.

[3] 吴木营,罗诗裕,邵明珠. 当代教育理念中“教师中心论”与“学生中心论”的哲学思考[J]. 东莞理工学院学报,2012,19(6):90-93.

[4] 吴雪红. 明确教学中心论 处理好教与学的关系[J]. 南方论刊,2005(6):69-70.

[5] 曾海萍."学生中心"论的困惑与对策[J].吕梁学院学报,2011,1(6):61-63,79.

[6] 李子建,尹弘飚.课堂环境对香港学生自主学习的影响:兼论"教师中心"与"学生中心"之辨[J].北京大学教育评论,2010,8(1):70-82,190.

[7] 刘琳,王优."知识中心论"和"学生中心论"探析[J].和田师范专科学校学报,2008,28(1):72-73.

[8] 陈佑清,余潇.学习中心教学论[J].课程 教材 教法,2019,39(11):89-96.

[9] 刘燚,张辉蓉.高校线上教学调查研究[J].重庆高教研究,2020,8(5):66-78.

[10] 王玉生,宋晓燕,张天杰.线上线下结合的教学模式探索[J].华北水利水电大学学报(社会科学版),2019,35(3):39-42.

[11] 詹泽慧,李晓华.混合学习:定义、策略、现状与发展趋势:与美国印第安纳大学柯蒂斯·邦克教授的对话[J].中国电化教育,2009(12):1-5.

[12] GARRISON R. Implications of online learning for the conceptual development and practice of distance education[J]. Journal of distance education,2009,23(2):93-104.

[13] 冯晓英,王瑞雪,吴怡君.国内外混合式教学研究现状述评:基于混合式教学的分析框架[J].远程教育杂志,2018,36(3):13-24.

[14] 雅斯贝尔斯.什么是教育[M].邹进,译.上海:生活·读书·新知三联书店,1991.

[15] 张岂之.大学的人文教育[M].北京:商务印书馆,2014.

[16] 金薇吟.学科交叉视角:高校素质教育的重塑[J].煤炭高等教育,2007,25(2):49-52.

[17] 余胜泉.互联网+教育.未来学校[M].北京:电子工业出版社,2019.

[18] 王建昕,帅石金,王志.大学通识教育模式下本科生专业课教学方法的探讨:提高"汽车发动机原理"专业课教学质量的若干体会[J].中国大学教学,2010(4):55-57.

[19] 方华梁.通识教育与专业教育如何相互促进:基于课程层面的扎根理论研究[J].复旦教育论坛,2016,14(4):5-11.

[20] 杨凡,李蓓.浅谈通识意识在高等教育中的积极意义[J].高等理科教育,2010(6):55-56,96.

[21] 夏小群,莫德云,陈小军,等.新工科背景下"通专融合"教学改革探索[J].创新创业理论研究与实践,2021,4(3):59-61.

[22] 胡淑慧.书院制人才培养模式下通识课程教学质量提升的路径[J].内蒙古电大学刊,2019(6):53-56.

[23] 孟文涛.大学英语"通识能力+"教学模式研究[J].知识文库,2019(22):257-258.

[24] 徐继山,曹丽文.史理结合式地学通识教育的理论与实践研究[J].中国地质教育,2015,24(2):5-9.

[25] 钟秉林.教育的变革[M].北京:商务印书馆,2020.

[26] 曾天山.加快教育现代化的时代主题与路径创新[J].中国教育学刊,2018(9):1-6.

[27] 李长荣.高等学校必须走产学研一体化的发展道路[J].湖南农业大学学报(社会科学版),2001,2(2):62-64.

[28] 丁堃.产学研合作的动力机制分析[J].科学管理研究,2000,18(6):42-43,53.

[29] 杜茂华,陈莉.产学研深度融合机制构建与实践[M].北京:经济管理出版社,2021.

[30] 毛礼锐.虞夏商周学校传说初释[J].北京师范大学学报(社会科学),1961(4):71-85.

[31] 丁钢.历史与现实之间:中国教育传统的理论探索[M].桂林:广西师范大学出版社,2009.

[32] 沈丽丹,舒天楚.新时代高校文化建设的内涵挖掘与路径探索[J].思想理论教育,2021(8):103-107.

[33] 李铁强.试论创造的本质[J].科学技术与辩证法,1997,14(5):37-42.

[34] 斯腾伯格.成功智力[M].吴国宏,钱文,译.上海:华东师范大学出版社,1999.

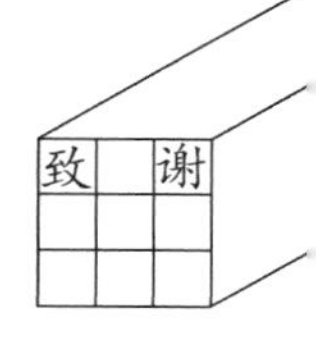

致 谢

置键鼠于案边，忆往事于心头。一字一句，千滋百味。对我来说，写这样一本与主业无甚关联的书是极为困难的，却也是我最想做的。作为一名从事专业教学的人，我想把十年来在教学中的所做、所历、所感、所悟，总结成文、缀联成册，既使自己精进，也供他人评参。从地质学到教育学，好似从一个山头到另一个山头，须下得山去，方上得山来。我本痴愚，一心只能思一事，一时只能做一事。在访学期间，息交以研学，闭门以撰文。一日三餐，两点一线，不在书楼，便在书房。窗外日升月落，房前花谢花开，都与我无关。历时整整一年，仿佛只是一天，只有开机和关机。我坚信，即使力如微蚁，一点一滴，勤劳不辍，终有功成之日！

这本书的写就离不开大家的关心与支持，在此我要向他们表示衷心的感谢：

感谢我的恩师彭建兵院士、段联合教授，诲我以为学为师之道；感谢孙景悦主席，传我以做人做事之则；感谢隋旺华、李文平、刘强、张进江教授，授我以育人育才之业；感谢董青红、曹丽文、杨伟峰、吴圣林、张改玲、朱术云、李巨龙、孙如华、于宗仁老师，示我以治学执教之法；感谢中国矿业大学资源与地球科学学院地质工程系全体老师，所有的老师都是我的老师，在你们身上我感受到爱生、乐岗、敬业的精神！

感谢董培杰、刘艺、徐文杰、孙林、王万旭等研究生同学的细心校对，感谢家人的理解、支持与辛苦付出！

感谢中国矿业大学优越的学术平台，感谢北京大学自由的研究环境与治学精神，给予了我良多感悟与启示。

本书的出版还受到以下部门和项目的资助，分别是：中国煤炭教育协会教学研究项目(2021MXJG179)、国家一流专业建设点地质工程项目、中国矿业大学教学研究项目(2023ZDKT03-102、2022ZX01、2021KCSZ34Y)、江苏高校优势学科建设工程项目。感谢各资助单位提供的支持与帮助，在此一并表示感谢！

教有终极，学无止境。谨以此书，献给我所钟爱的地质教育事业以及每一位上下求索、砥砺前行的人！

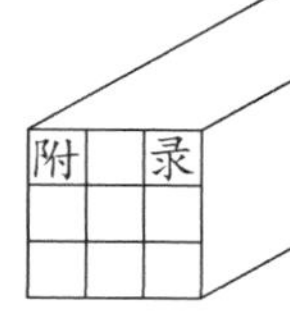

附　　录

——当代地质教育名家名言

真理，哪怕只见到一线，我们也不能让它的光辉变得暗淡。——李四光(1889年10月26日—1971年4月29日)，湖北黄冈人，地质学家、音乐家、社会活动家

一个地质工作者到野外工作时要想到以后可能永远不会再来此地了，所以应该把所有应该做的、能做的工作全都毫无遗漏地做了；还要达到在自己的工作之后，后来的人来到此地已没有什么可以做了的地步，这样才是一项比较好的野外地质工作。——袁复礼(1893年12月31日—1987年5月22日)，河北徐水人，地质学家、地貌与第四纪地质学家

野外是最好的地质课堂，野外地质基本功的锻炼是学好地质的基础。——孙云铸(1895年10月1日—1979年1月6日)，江苏高邮人，古生物学家、地质学家

在对待理论与实际的关系上，一辈子都要深入实际，坚持做实际工作，只有在实践中才能提高理论水平，才有可能创新。——冯景兰(1898年3月9日—1976年9月29日)，河南唐河人，矿床学家、地质学家

业余广泛读书、自主地思考，对问题要寻根究底，勿为"不求甚解"的现成框架所束缚。——谢家荣(1898年9月7日—1966年8月14日)，上海人，地质学家、矿床学家

我的最大乐趣就是为培养地质科学人才奋斗到生命的最后一息！——乐森璕(1899年9月4日—1989年2月12日)，贵州贵阳人，古生物学家、地层学家

第一，诸位求学，应不仅在科目本身，而且要训练如何能正确地训练自己的思想；第二，我们人生的目的是在能服务，而不在享受。——竺可桢(1890年3月7日—1974年2月7日)，浙江绍兴人，气象学家、地理学家

一定要不畏艰险，到山上、到沟里、到野外去广泛阅读大自然这本内容无比丰富的大书。——王曰伦(1903年1月23日—1981年7月20日)，山东泰安人，前寒武纪地质学家、第四纪地质学家、矿床学家

一切地质结论都来自大自然，而且最终从自然界得到验证。人的思维只是从自然到自然之间的一个过程，不能代替自然界本身。所以，地质学的特点决定了必须重视实践，而且更应该重视实践。——张伯声(1903年6月23日—1994年4月4日)，河南荥阳人，构造地质学家、大地构造学家、地质教育家

学生超过老师，不是说明老师无能，而恰恰相反。凡是老师说过的，学生不能改；凡是老师说过的，学生不能添，事业不就到此为止了吗？——黄汲清(1904年3月30日—1995年3月22日)，四川仁寿人，构造地质学家、地层古生物学家、石油地质学家

不敢超越前人，科学就难以向前发展。——赵金科(1906年6月10日—1987年5月18日)，河北曲阳人，地质学家、古生物学家

一个科学工作者只有把自己与民族的命运紧密地联系在一起，他的生命才会有价值，一生才会有作为，才会活得有意义。——杨遵仪(1908年10月7日—2009年9月17日)，广东揭阳人，地层古生物学家、地质学家

搞学问就像滚雪球，越滚越大，不滚就化。——贾兰坡(1908年11月25日—2001年7月8日)，河北玉田人，考古学家、第四纪地质学家

敏于观察，勤于思考，勇于创新，敢于攀登。——张文佑(1909年8月31日—1985年2月11日)，河北唐山人，地质学家

“画家”比“作家”好，地图比文字好。——周立三(1910年9月20日—

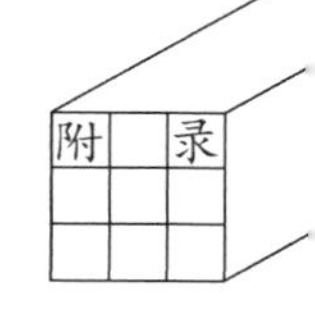

1998 年 5 月 27 日)，浙江杭州人，经济地理学家

其骧十五以前浑浑噩噩，十六十七献身革命，十八而志于学，从今而后，矢志不移。——谭其骧(1911 年 2 月 25 日—1992 年 8 月 28 日)，浙江嘉善人，历史学家、历史地理学家

正确对待前人理论，学百家之长，自主创新。——陈国达(1912 年 1 月 22 日—2004 年 4 月 8 日)，广东省新会县人，地质学家

做科学工作并不是一帆风顺的，必须有坚强的意志，坚忍不拔的毅力，必须要有为科学真理而牺牲一切的精神，才能取得一些成功。——任美锷(1913 年 9 月 8 日—2008 年 11 月 4 日)，浙江宁波人，地貌学家、海洋地质学家、自然地理学与海岸科学家

冬去春来穿梭般，祖国山河逐日暖。跋山涉水汗透衫，抚胸问心聊自安。——谷德振(1914 年 8 月 13 日—1982 年 6 月 21 日)，河南密县人，工程地质学家

事实才是定盘的星！——郭文魁(1915 年 6 月 18 日—1999 年 9 月 16 日)，河南安阳人，地质学家、区域成矿学家

如果我的学生不比我好，那我就失败了。我希望我的学生超过我，这样我才有成功的感受。——叶笃正(1916 年 2 月 21 日—2013 年 10 月 16 日)，又名叶平斋，出生于天津，祖籍安徽省安庆市，气象学家

回顾这一生最大的快乐，莫过于听到自己的学生宣读着精彩的学术报告，那感受如同在听一首优美的交响乐。——王乃樑(1916 年 10 月 7 日—1995 年 4 月 24 日)，福建闽侯人，地貌学家

学无止境，学以致用，学然后知不足；读可明道，读以忘忧，读庶几知所止！——王鸿祯(1916 年 11 月 17 日—2010 年 7 月 17 日)，山东苍山人，地质学家

几十年来，我感受最深的一点是，作为一个教育、科技工作者，一切从祖国的需要出发，就能发挥自己的作用。——池际尚(1917 年 6 月 25 日—1994 年 1 月 1 日)，湖北安陆人，岩石学家、地质学家

建设世界一流大学，首先要把教师队伍建设好，要将教师队伍凝聚到一

个方向——用心培养学生，万万不能用功利主义的标准来衡量教师的成就。——董申保(1917年9月17日—2010年2月19日)，北京人，岩石学家、地质学家

出门必须步行，爬山必须爬到顶峰，近路不走走远路，平路不走走险路。——陈梦熊(1917年10月12日—2012年12月28日)，浙江上虞人，水文地质学家、工程地质学家

业精于勤毁于惰。学习地质要做到"五勤"：手勤、眼勤、脑勤、口勤、腿勤。——刘东生(1917年11月22日—2008年3月6日)，辽宁沈阳人，第四纪地质与环境地质学家

为中国地质事业献身是爱国思想促成的，爱国是地质工作者的终身动力。——关士聪(1918年1月3日—2004年4月5日)，广东南海人，石油地质学家、区域地质学家

只有科学与生产劳动相结合，与人民大众打成一片，为他们的生活幸福而服务，科学才不会成为点缀的花瓶和耸起空中的楼阁。——顾知微(1918年5月4日—2011年3月19日)，江苏南京人，古生物学、地质学家

治学像金字塔一样，既要高也要广阔的基础。一所健全的大学，要注意文、理均衡发展，融合科学与人文精神，培养学生既有灵活的思维与学习方法，也有严谨的科学态度和科学求实的学风，这样才能使学生博学善思，勤于思考、勇于探索。——韩德馨(1918年9月6日—2009年10月17日)，江苏如皋人，煤田地质学家、煤岩学家

嵩山是我师，我是嵩山友！群山是我师，我是群山友。——马杏垣(1919年5月25日—2001年1月22日)，吉林长春人，构造地质学家、地震地质学家

油田是大家共同努力发现的，我自己只不过是融入祖国建设洪流中的一滴水。——田在艺(1919年12月5日—2015年3月3日)，陕西渭南人，石油地质学家、石油勘探家

设想要海阔天空，观察要全面细致。实验要准确可靠，分析要客观周到。立论要有根有据，推论要适可而止。结论要留有余地，文字要言简意

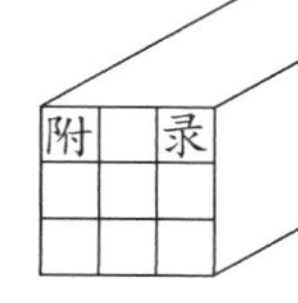

赅。——涂光炽(1920 年 2 月 14 日—2007 年 7 月 31 日),北京人,矿床学及地球化学家

没有自己取得的第一手资料就不敢动手作文章,不敢下结论。——郝诒纯(1920 年 9 月 1 日—2001 年 6 月 13 日),湖北咸宁人,地质学与古生物学家

人生百年不过弹指一瞬。一定要惜时如金,做该做的事,不断学习、不断前进,否则一事无成,最终将追悔莫及。——沈其韩(1922 年 4 月 27 日—2022 年 11 月 27 日),江苏淮阴人,地质学家

学习思考、锲而不舍、探索创新、攀登不息。——於崇文(1924 年 2 月 15 日—2022 年 6 月 12 日),浙江宁波人,地球化学动力学家、矿床地球化学家

我们的人才培育之道,不培育有德缺才的庸才,也不培育有德有才百病缠身的废才,更不培育有才缺德挟才以为恶的歪才,而要培育出德才兼备身体健康挟才以为善的国家栋梁之材——英才。——景才瑞(1924 年 6 月 15 日—2020 年 3 月 7 日),山西临猗人,地理学家

没有野外,就没有地质。宁可少做"曲线文章",也要做好野外素描。——裴荣富(生于 1924 年 8 月),山东聊城人,矿床地质学家和矿产勘查学家

治学之道犹如做人,要谦虚谨慎、戒骄戒躁,在知识面前永做小学生。——张宗祜(1926 年 2 月 19 日—2014 年 2 月 19 日),河北满城人,水文地质学家、工程地质学家

从 60 年人生中,我总结了四句话:"坚毅自强,诚朴求真,学有专长,事业有成。"——王德滋(生于 1927 年 6 月),江苏泰兴人,岩石学家

我热爱地球科学,我愿为此奉献终生,科学探索的道路没有止境,个人的贡献只是沧海一粟。——张本仁(1929 年 5 月 28 日—2016 年 11 月 1 日),安徽怀远人,地球化学家

以天下为公,裕慰苍生。——翟裕生(生于 1930 年 2 月),河北文安人,矿床学与区域成矿学家

中国地质学家"得地独厚",应珍惜中国广袤、结构复杂多样的大地这一

最好的天然实验室。——肖序常(1930 年 10 月 12 日—2023 年 12 月 6 日),贵州安顺人,构造地质学家

知识犹同空气,不可一时或缺。虽已硕士博士,学习永不停歇。纵已小有成就,仍需从零开头。不忘艰苦奋斗,健康永占头筹。能力各有大小,争做自我最好。职务虽有高低,奋力报国无异。——赵鹏大(生于 1931 年 5 月),辽宁沈阳人,数学地质学家、矿产勘探学家

无论学什么专业,年轻人都应关心未来。——刘宝珺(生于 1931 年 9 月),天津人,沉积地质学家

要做学问,先要做人,做一个老老实实的人,做一个立志报国的人。——薛禹群(1931 年 11 月 2 日—2021 年 6 月 29 日),江苏无锡人,水文地质学家

同天地斗,既残酷又相容,因为灾害也是自然规律难得的放大,灾害也是认识客观规律的重要视角,由灾害短暂的行为可以透析整个地球的动态。——马宗晋(生于 1933 年 1 月),吉林长春人,地质学家

学、思,锲而不舍!——傅家谟(1933 年 5 月 23 日—2015 年 6 月 11 日),湖南沅江人,有机地球化学与沉积学家

党所交给的各种任务,应当不折不扣地完成。通过工作、交流心得向一切人学习、请教,更踏实地钻研业务,使自己成为党所需要的有用人才。——孙枢(1933 年 7 月 23 日—2018 年 2 月 11 日),江苏金坛人, 地质学家

做地质工作不但要勤于野外实践,还要善于室内研究,掌握理论,阅读文献,借鉴国内外经验,探索地质作用的规律。——袁道先(生于 1933 年 8 月),浙江诸暨人,地质学家、水文地质学家、岩溶学家

创业成难今日勿忘前日德,立基匪易先人只望后人贤。——罗国煜(生于 1933 年 12 月),湖南邵阳人,工程地质学家

我们都是炎黄子孙,都是在这片黄土地上,千百万母亲用乳汁把我们养育成人,她们像太阳一样托起我们,使我们不断成长。我们没有理由不爱这个国家,没有理由不爱这个民族,没有理由不爱这片黄土地。——滕吉文(生于 1934 年 3 月),黑龙江哈尔滨人,地球物理学家

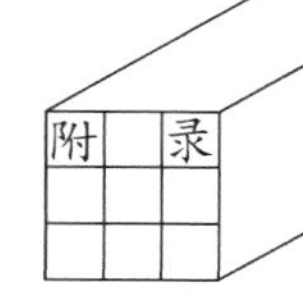

最伟大的创新是最深刻的继承。——任纪舜(生于 1935 年 2 月),陕西华阴人,地质学家

问道务须争朝夕,治学切忌急功利。——殷鸿福(生于 1935 年 3 月),浙江舟山人,地层古生物学及地质学家

山岳为书本,化石是文字,惟为神州好,立意读天书。——戴金星(生于 1935 年 3 月),浙江瑞安人,天然气地质与地球化学家

当一个人把自己的目标、追求与国家命运紧紧联系在一起时,他是能够拥有无限的推动力和积极性的。——欧阳自远(生于 1935 年 10 月),江西吉安人,天体化学与地球化学家

我的智力很平常,我现在取得的一点点成绩,靠的就是一种执着,一种全心全意的投入,这是我一生最大的感受。——徐世浙(1936 年 10 月 2 日—2012 年 7 月 21 日),浙江台州人,地球物理学家

学校不应该成为批发知识的仓库、制造文凭的工厂,而应该成为培养能力的基地、陶冶情操的熔炉。——汪品先(生于 1936 年 11 月),江苏苏州人,海洋地质学家

设计人生,努力奋斗。——邓起东(1938 年 2 月 23 日—2018 年 11 月 6 日),湖南双峰人,地质学家

我那时候(大学时期)有专门记问题的小本子,我的许多重要的发现就是我从我的小本子里面找到的。——叶大年(生于 1939 年 7 月),广东鹤山人,人文地理学家

在概念上有突破、在方法上有创新,以及在结论上有推进,这样的成果才能称之为优秀成果。——陈运泰(生于 1940 年 8 月),福建厦门人,地球物理学家

学生要把基本功练好,要会做实验,要懂得最基本的科学原理,把这些做透了,才有可能持久地从事研究工作。——安芷生(生于 1941 年 2 月),湖南芷江人,环境地质学家

我从小就喜欢地质,觉得研究地球是一件非常有意义、非常伟大的事情。我的地质事业是没有终结的,如果有来生,我还想搞地质。——许志琴

(生于 1941 年 8 月),上海人,构造地质学家

如果说人生之路有主旋律,我想我有两个:热爱祖国和发奋读书。——徐冠华(生于 1941 年 12 月),上海人,资源遥感学家

没有求知的欲望,就不能攀上科学的高峰。——吴国雄(生于 1943 年 3 月),广东潮阳人,大气动力学和气候动力学家

教学是一辈子的情怀!——曾勇(生于 1943 年 8 月),江西南城人,古生物地层学家,首届国家教学名师

一个优秀的大学教师除了向学生传授本学科的知识和研究方法外,还要引导学生走向科学与人文的融合。——徐士进(生于 1952 年 4 月),江苏南京人,地球化学家,国家教学名师

做学问一定要多读书,读书是奠定一生学问的基础!“谋大事者,首重格局。”作为一名学者,要将目光放长远,保持心性善良、胸襟宽广、性情真挚的品格,始终与国家发展同频共振。——彭建兵(生于 1953 年 4 月),湖北麻城人,工程地质与灾害地质学家

有科技报国的崇高理想,有攀登高峰的人生追求,有不怕困难的精神力量,有宁静致远的内在气质。——丁仲礼(生于 1957 年 1 月),浙江嵊州人,第四纪地质学家

爱既是教育的起点和过程,也是教育的终点,没有爱就没有教育。——龚一鸣(生于 1958 年),湖北武汉人,地史古生物学家,国家教学名师

教学是一个良心活,作为教师,要舍得在教学上下工夫,努力讲好每一堂课,对教学各环节精益求精,只有这样才能获得好的教学效果,才能体会到为人师的成就感,否则就是误人子弟。——蒋有录(生于 1959 年 10 月),山东章丘人,油气地质学家,国家教学名师

教师个人的范例,对于青年人的心灵,是任何东西都不能替代的阳光。——朱筱敏(生于 1960 年 6 月),江苏扬州人,石油地质学家,国家教学名师

大自然才是真正无法穷尽的教材!虽然野外考察的过程很艰辛,但是一点点小小的发现都是学生科研能力提升的表征,鼓舞着他们未来在这个

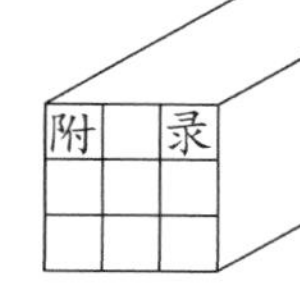

领域潜心耕耘。——王乃昂(生于 1961 年 12 月),山东郓城人,自然地理学家,国家教学名师

育人忌说教,身教胜言传。——唐辉明(生于 1962 年 5 月),江苏东台人,工程地质学家,国家教学名师

地质精神要扩展,要演绎,要发扬光大!——王根厚(生于 1963 年 7 月),陕西蒲城人,构造地质学家,国家教学名师

干工程地质这一行确实很苦,也有危险,甚至有牺牲的可能,但只要能换来人类的幸福,换来地质资源的安全利用,即使有危险、有牺牲,这份工作也更有意义、更有价值,也更加光荣。——黄润秋(生于 1963 年 8 月),湖南长沙人,工程地质学家,国家教学名师

首先要有独立的人格,第二个是要有探索的精神,第三个是要练就学习的能力,第四个是要有勇于践行的能力。这四大要素是大学教育立足的四个方面。——赖绍聪(生于 1963 年 10 月),四川安岳人,地质学家,国家教学名师

照教材讲述而没有新内容、新观点、新思想,是“念书”而不是“教书”。年年一样的教材,但应是年年不一样的教案。——颜丹平(生于 1964 年 9 月),湖南湘潭人,构造地质学家,国家教学名师

要让学生感受科技的前沿问题,学习新的东西,否则也就谈不上创新教育了。——隋旺华(生于 1964 年 12 月),山东临沂人,煤矿工程地质学家,国家教学名师